བོད་ཀྱི་དངོས་མིན་རིག་གནས་ཕྱུལ་བཞག་དཔེ་ཚོགས་གསུམ་པ།

阿里普兰女性传统服饰文化研究

སྟོད་མངའ་རིས་སྤུ་ཧྲང་ལུའུ་བུད་མེད་ཀྱི་སྲོལ་རྒྱུན་ཆས་གོས་
ཀྱི་རིག་གནས་ཞིབ་འཇུག་ཅེས་བྱ་བ།

伍金加参著

ཕུག་ལ་མཁར་ལེར་ · ཨོ་རྒྱན་རྒྱལ་མཚན་གྱིས་བརྩམས།

U0173736

西藏藏文古籍出版社

བོད་ལྗོངས་བོད་ཡིག་དཔེ་རྙིང་དཔེ་སྐྲུན་ཁང་།

图书在版编目（CIP）数据

阿里普兰女性传统服饰文化研究：藏文 / 伍金加参
编著 .-- 拉萨：西藏藏文古籍出版社，2022.12
ISBN 978-7-5700-0776-9

Ⅰ．①阿… Ⅱ．①伍… Ⅲ．①藏族－女性－民族服饰
－服饰文化－研究－普兰县－藏语 Ⅳ．
① TS941.742.814

中国版本图书馆 CIP 数据核字（2022）第 238569 号

阿里普兰女性传统服饰文化研究

作　　者	伍金加参	
责任编辑	达娃卓玛	
终　　审	刘红娟	
出版发行	西藏藏文古籍出版社	
印　　刷	成都市金雅迪彩色印刷有限公司	
开　　本	16 开（710mm×1 000mm）	
印　　张	13	
印　　数	01-3,000	
字　　数	141 千	
版　　次	2023 年 4 月第 1 版	
印　　次	2023 年 4 月第 1 次印刷	
标准书号	ISBN 978-7-5700-0776-9	
定　　价	33.00 元	

西藏阿里普兰人，西藏大学民族学博士，藏族文化研究硕士研究生导师。主要从事中国少数民族史、西藏阿里民俗、西藏阿里地方边疆史研究。主持完成国家

伍金加参（Ogyan Ggyalmtsan）

社科基金项目和省级项目等项目。主要学术论文在《西藏大学学报》、《西藏研究》、《西藏艺术研究》等国内外期刊上发表藏文、汉文、英文论文数十余篇。其代表作有《略谈阿里普兰地名》（藏文）；《试论阿里普兰妇女传统服饰及其文化特征》；《珠旺·晋巴努布自传及相关历史探究》；（藏文）；《噶尔本时期普兰妇女服饰文化研究》；《浅谈普兰宗本遗址达拉克的起源》《一份阿里最新发现吐蕃赞普时期颁发给象雄芒韦尔氏族史事考述》（藏文）《文本与图像：阿里噶尔本甘丹才旺有关史料的历史人类学解读》；《历史人物噶丹策旺白桑布的历史功业》（英文）等。

此书谨献给我那仁慈善良的普兰阿妈啦！

普兰女性传统服饰（西方学者 1945 年 摄）

达拉克遗址前的普兰妇女服饰（周文强 摄）

普兰女性传统婚礼的盛装（米玛次仁 摄）

普兰女性传统节日盛装（拉巴欧珠 摄）

科迦寺前普兰女性多样服饰展示（科迦村民尼玛达瓦提供）

普兰祖孙二人展示传统服饰（伍金加参 2017年摄）

普布加参 摄

普布加参 摄

普布加参 摄

普兰女性的"宣切"(夏装)（米玛次仁 摄）

普兰女性的头饰"果旺"（阿里政协提供 米玛次仁 摄）

目 录

图表目录

序言

巴尔卡·阿贵

伍金加参博士的这本新书即将出版了，我听到后很高兴。我们相识多年，从本世纪初开始就是熟人，后来又在西藏大学共事。回首来路，多少往事依然历历在目，始终没有离开专业的教学与研究工作，没有离开藏学这个专业。他从学生时代开始，就以书为友，辛勤耕耘，为后来的人生走向和成功积淀了丰厚的知识基础。后又不负所望，跨入西藏西部历史文化特别是普兰民俗的研究领域，取得令人羡慕的成就，获得同行的赞誉。这一切的一切，绝非偶然。在我20多年的藏学研究生涯中，多次与他合作共事，也渐渐地谙熟其为人，也曾得到了他的襄助，在此表示感谢！同时也为他的成功，表示衷心的祝贺！如今写下一段经历，藉此勉励一位成功的藏学工作者的艰辛劳动和心路历程。

1997年，我大学毕业后被分配到林芝工作。两年后的1999年，我有幸到西藏大学进修，因那时西藏大学开始招收研究生，所以后来我也考进了藏大，为我后面的专业工作以及与伍金加参博士等同行结缘作了铺垫。那时，经老师推荐我开始在《西藏艺术研究》《西藏大学学报》等上发表文章，发现作者中有旦巴绕丹教授、甲日巴·洛桑朗杰先生等前贤在座，自觉十分赧颜。尽管如此，我还是"厚着脸皮"

继续了我后面的学业，直至今日。2004年，我硕士毕业，之后就进了藏大工作，那时他是西藏大学的一名在读本科生。因内人也生于普兰，与他是同乡，于是我们便相识了。2012年，我博士毕业后回校工作，此时发现伍金加参硕士毕业并已成为了西藏大学的老师。每年文学院研究生毕业季，我们都能相见，起初他是答辩秘书，后来成为了外语考官或答辩专家，现在已经是我们民族学点上的一名研究生指导老师了。这一路走来，发现他身上有许多常人难以企及的优点。他十分自律，平日多以书为伴，乐于助人，又善于接触学习新的知识，且极具上进心。在我看来，这些恰好是他取得成功的重要原因之所在。

在藏学研究领域，许多知名的学者皆曾以书为伴，更专业地讲是以书籍文献为伍，这就为各自后来的发展奠定了基础。如法国藏学名师拉露女士（Mareelle Lalou，1890-1969），一生中未获得过任何文凭，全靠自学成才。她曾是一名护士，由于偶然机会结识了当时法国印度学、中国学和佛学大师列维，随他学习梵文，后来又在巴考的指导下终生研究藏学。拉露的主要功绩是她编撰了《巴黎国立图书馆所藏伯希和敦煌藏文写本目录》，共3券，分别于1939、1950和1961年出版。她对每券文书的标题、内容提要、篇幅、纸张、字体特征等都作了描述和考证，抄录了经文的题跋和一些主要藏文段落。此外，她在文学、艺术、语言、文献、宗教、书目、历史和东方学史等领域取得了令人羡慕的成就，有大量的成果问世。为了纪念拉露80寿诞，1971年国际上出版了一部《西藏学论文集》，也称《拉露纪念文集》。书中发表了21篇具有相当水平的藏学研究成果，作者中有石泰安、图齐等一代宗师，是法国最有权威的藏学著作之一。又如美国著名藏文文献专家金·史密斯（Ellis Gene Smith 1936-2010），他是美

国纽约藏传佛教资料信息中心（TBRC）的创始人之一。1966-1968年间，他在印度和尼泊尔从事田野工作，期间与藏文文献结缘并为此献身终生。在40多年的藏学研究工作中，他从世界各地搜集了2500余万函藏文文献，并根据相关要求为每一函文献撰写了题录信息，从而也成就自己成为了一名国际知名的藏学家。以上种种，皆与书籍密切相关，说明学术工作者以书为伍是极其重要的优势和资源。西藏传统的善知识们，也把书籍当做是指路明灯，自己的作品多以明灯命名。如奴·桑杰益西（又译佛智）是藏传佛教史上的重要人物，在汉藏佛教交流史上颇有建树。他一生广学佛法，传承法脉，翻译著述，为佛教在吐蕃的传播作出了贡献。他撰写《禅定目炬》，对前弘期吐蕃佛教作了整体判摄，不仅为后人观察前弘期吐蕃宗论和中印佛教对其的影响提供了资料，且对后弘期各大宗派的思想特别是大圆满法等产生了深远影响，即是一例。

2018年底，达瓦老师给我发来了两张图片，让我判断图片中的文字是些什么内容。我后来发现这是一份早期《铁券文书》的图片，图中《文书》见有1页，长宽不明，不见文末印章，似乎不全。第1张图中共有文字69行，但清晰度不高，致使前1-26行和后58-69行的字迹模糊，难以全部辨认。第2张图中有第1张图之27-57行的内容，图片清晰，基本上可以认读全部内容。后来，我试着翻译了这部文书，但因为图片不完整等原因，始终难以如愿。当伍金博士得知此事后，利用回阿里老家休假之机会，拍摄了完整的文书图片。当他回到拉萨时，把文书图片提供给我翻译与研究。这部文书是在阿里扎达县境内被发现的，共有124行，内容涉及吐蕃时期的"结辛"家族。因得到了伍金加参博士的帮助，我后来对原有文书图片之1-69行的内容进

行了补充完善，并在此基础上补录69-124行的内容而对其中有关吐蕃史部分进行了解读，并将研究成果发表在《西藏研究》2022年第6期上。

与伍金加参博士相识的这些年，我看到他不断接触学习新的知识，克服种种困难，去实现自己的理想愿望，已在成功的路上迈出了一大步。2012年，我博士毕业后在学院讲授民族学相关课程，当时他也开始接触民族学人类学专业，并经常从网上购买相关书籍。有时，他会多买一个副本送给我，因为他发现我也喜欢买书。后来，他与时俱进，继续深造，在文学院攻读了博士学位。他的专业方向具有连续性，硕士和博士学位论文的内容都与西藏西部阿里地区有关，硕士学位论文的题目是《阿里普兰妇女服饰研究》（2011），博士学位论文的题目是《阿里噶尔本体制研究》（2021）。

以普兰和古格为主的西藏西部阿里一带历史悠久，历史遗迹众多，近年来发现了许多珍贵的历史文献，进一步推动了其古代历史文化研究进程。前吐蕃时期，青藏高原上小邦林立，其中今阿里一带为古象雄王的领地，"象雄阿尔巴之王为李聂秀，家臣为'琼保·若桑杰'与'东弄木玛孜'二氏。"公元7世纪，吐蕃赞普松赞干布将胞妹赞姆赛玛噶远嫁象雄国，作李米夏王的王妃，赛玛噶到象雄后，住于今阿里地区扎达县境内的琼隆宫。后吐蕃发兵攻打象雄，推翻象雄王的政权，其全境纳入悉补野赞普的管辖。根据前述《吐蕃铁券文书》，吐蕃征服象雄后，一些原象雄部属继续为吐蕃征战，屡建战功，以利吐蕃兴盛。吐蕃赞普赤松德赞（755-797）时期，为古格部大臣结辛·赤旺觉布支拉克授予敕文，原因是其历辈先祖对历代赞普忠贞不二，大有功绩。吐蕃赞普达日聂斯时期，"结辛"家族的先

祖大臣结辛·瞻林赤顿协尔赞，于突厥之地任大将。他与娘、韦、农三氏及蔡邦氏等联合，灭吐蕃十二小邦；象雄、阿柴、塔波等部也都被招致麾下。吐蕃赞普囊日松赞时期，结辛·大臣阿雅杂木苏任大将军，进军巴蒂（巴尔蒂斯坦，今拉达克地区，首府为例城）时，英勇无比，使吐蕃兴盛，政权稳固。吐蕃松赞干布（？—650年）时期，大臣结辛·芒波支拉尼领兵东进，于噶当之甲塘地方与唐军对峙时，英勇无比。此人与噶尔东赞玉松、达杰芒波支卓朗二人联合，修建吐蕃四宫堡；吐蕃全境分为四翼；松巴（苏毗）被分为多个部族，以服侍赞普，被授予小金字告身。赞普赤松德赞时期，大臣结辛·赤旺觉毕支珂于那那尔地方攻打泥果时，用时九年，任古冲一职。此时，他逞勇、贤之能，威镇边疆，以护王之身与政，获赐玉字告身。

说来也巧，我与普兰似是十分有缘。2017年，我的国家社科基金项目是翻译《王统日月宝串》。该书内容涉及近年新发现的两部有关西藏西部古代史的重要藏文史籍，其中一部名曰《日种王系》即是普兰王系，约著于15世纪，作者是古格班智达·扎巴坚赞，其中引有《密集小册》等已失传的珍贵文献，对研究吐蕃历史文化、古象雄历史及阿里各王系之历史有重要的史料价值。"普兰王系"的历史，一直记述至白衮德时期，不仅较详细地介绍了沃松的后人在上部阿里地区的活动情况，而且其中穿插了一段自吐蕃初期以来象雄王的历史、象雄王与阿里各王系之间的关系、佛苯教关系以及阿里各王系的疆域等内容。据此，象雄上、下部最初由"孜"氏统治，后出现了一个名叫聂秀穆苏仁恩格的人，此人极具智慧，又勇猛无比，名扬四方，被众人奉为王。承袭十一代以后，出现了一个名叫聂秀拉卡根孜的人，其一女成为了吐蕃松赞干布的妃子。此时，象雄国力强盛。又过了六代

之后，出现了聂秀王李坚穆斯恰，苯教兴盛。吐蕃解体后，赞普后裔吉德尼玛衮前往普兰，驻于在普兰的尼松宫（双日宫）。后领主扎西衮有阔日和松恩两个儿子，其中大哥阔日统治普兰；小弟松恩统治了古格。《月种王统》把此二人比作日月，即把依人法治理疆土的大哥阔日，比作太阳；把依佛法且对弘法事业有功的小弟松恩，比喻为月亮。这也是《日种王统》和《月种王统》名称的由来。

记得我在成都读书时，曾读过格勒老师的《月亮西沉的地方》，其中提到普兰有一种独特的舞蹈称"鲜"（宣）舞，跳舞时人们身穿华贵的服饰。后来，收到伍金加参博士投来的论文《试论阿里普兰妇女传统服饰及其文化特征》，才得知这种服饰名"宣服"（གཞོན་ཆས），十分有名，价值不菲，于2008年被列入国家级非物质文化遗产。本书着重介绍了普兰妇女传统服饰产生的历史背景及其文化特征。通过这一独特的服饰文化，读者可进一步了解西藏西部以服饰为载体的地方历史文化。普兰服饰文化历史悠久且很有特色，但相关研究成果不多见，他为此确实花了不少心血。此等往事虽小，但也是我与伍金加参博士结缘随缘的一个缩影。

兹将一些学术往事简略追忆如上，作为对我们相识并共事多年的因缘与成果的一份纪念。聊以为序！

2022年12月9日

第一章 绪 论

第一节 考察区域及本书结构

对于研究中国传统服饰产生较早见于历史文物学者沈从文先生的著述，他在《中国古代服饰研究》中亦有相关内容的记述："保护生命、掩形御寒、装饰自身乃是服装最主要的功能"[①]。由此可见，作为人类社会的产物，服饰从它诞生起就具有两个基本的性质，即实用性和审美性。故此，本书命题为阿里普兰女性传统服饰文化研究。重要的是笔者作为土生土长的阿里普兰人，从小受到阿里普兰的历史文化熏陶，对西藏阿里普兰[②]女性传统服饰文化的来源，穿戴习俗及组成的名称以及代表的象征含义特别感兴趣。正如，国内安德明先生在《家乡—中国现代民俗学的一个起点和支点》中所述："中国民俗学当中的家乡研究潮流，以及具体的实践，证明了这样一个观念：民俗学实际上就是关于我们自己身边的生活学问，而不是追逐奇风异俗的猎奇行为。"因此，笔者选择自己家乡阿里普兰的女性传统服饰作为研究对象，注重实用和地

[①] 沈从文编著：《中国古代服饰研究》，北京：商务印书馆，2015年，第16页。

[②] 普兰历史地名的第一手资料：古格·班智达扎巴尖赞著《太阳王系月亮王系》，其中记载："拉尊多吉森格的儿子赤扎西索南德统治了'普兰'(སྤུ་ཧྲེང་ Pu Hreng)所有王国。"并且在珍贵的古籍《拉喇嘛沃传记》也记载："菩提祖师拉喇嘛沃就出生在阿里三围亚泽、'普兰'和古格中部。"除此之外，以前阿里藏医专家格隆·丹增旺扎也在阿里政协主编的《阿里历史宝典》中写道："'布尚'(སྤུ་རངས་)，应用象雄文字来解释，'布'是头部的意思，'尚'是马的意思。" 有关该地名的较为详细历史考证，笔者以藏文写作的文章发表在藏学核心期刊，在此不再赘述。引自伍金加参《普兰地名略考》，《西藏大学学报》（藏文版）2016年第4期，第150–157页。

方性习俗分析特征，解读特定时空里普兰女性传统服饰中历史文化的象征符号。服饰研究是民族学和历史学研究中的重要课题，人类服饰文化的"多元一体"①性和地方性十分丰富。通过对西藏西部阿里的普兰女性传统服饰文化的产生、发展和演变等进行深入地访谈并研究。这对该领域的整体性研究提供一个民俗性较强、地域性明显的个案，通过田野作业，收集第一手材料，并对个案进行分析，而且在丰富学科的理论认知上有较大的现实意义。服饰作为一类物质性的民俗文化，既是人类劳作的成果和智慧的结晶，又极富精神文明的内涵；不仅是人类生存的一种需求，也是人类追求美感的载体和记录，她伴随人类已有一两万年的历史了。作为人类文明的一扇窗口，表征着不同地区的社会制度和不同民族的精神和文化心理。既是识别民族、性别、年龄、社会地位等标徽的一部分，作为一个符号系统，又是研究民族文化的一类重要标本和路径。

阿里普兰地方的传统服饰作为西藏民俗文化资源中的一朵奇葩，构成了本书在选题上的一种相对优势。笔者以在田野作业中收集的第一手资料为基础，结合相关的藏汉英文文献资料，聚焦普兰女性的传统服饰文化，就其基本的形态、分类、款式、饰物、制作工艺流程及在不同时空和社会语境中的穿戴使用等问题，以民俗志的理念和方法，进行了较为系统的本体论式的梳理和文本呈现。在现代化进程冲击传统文化的时代语境下，给予学科关照下的科学记录，这对该区域传统文化的保护和研究，无疑构成了本书一定的学术价值和社会历史意义等诸多问题。下

---

①费孝通先生在1988年提出"中华民族多元一体格局"的演讲中，还提及一个重要观念：民族有一个从"自在的民族"到"自觉的民族"之演变过程。他认为，"中华民族作为一个自觉的民族实体，是在近百年来中国和西方列强对抗中出现的，但作为一个自在的民族实体则是几千年的历史过程所形成的"。详见费孝通：《中华民族的多元一体格局》，宋蜀华、陈克进主编：《中国民族概论》"第一章"，北京：中央民族大学出版社，2001年。另外，详情参见徐新建等著：《民族文化与多元传承：黄土文明的人类学考察》，北京：中国社会科学出版社，2016年，总序部分。

面将简要概述一下本书的基本框架。

首先，在绪论中，笔者交代了选题的缘起、研究意义、学术史述评和本书涉及的专用术语，以及相关研究现状和所采用的理论方法等学术基础知识。

第二章，叙述了普兰女性传统服饰发生、发展的独特自然环境、气候条件和社会文化背景。由于阿里普兰的地理位置、气候特征、生活方式和传统习俗的区别，使得普兰女性传统服饰独具地域分异规律的特色。这亦是特有服饰文化传承、变异的客观语境，同时根据阿里普兰特殊的历史背景、沿革和发展阶段，去推断普兰妇女传统服饰文化的形成。

第三章，分析和介绍了普兰女性传统服饰的分类及制作工艺，就其在日常和节日里差异性的穿戴使用实情和面貌做了描述，并对传统工艺中所蕴含的"亦俗亦教"象征物进行了阐释。在民俗规范控制理论的指导下，适度对个人的从众心理和主动服从地方社会要求进行了探讨和挖掘。

第四章，主要集中对普兰女性传统服饰的样式形制和美饰特征进行讨论，择取了"帽子""大褂""披风""靴子""头饰""胸饰""肩饰"等极具民族地域性的服饰单体和部位，就其特征和文化内涵，进行了较为详尽的分析。最后就普兰女性传统服饰的整体特征，从时空的地方性及历史文化的区域性，尝试性地给予了总结。

第五章，针对普兰女性传统服饰的演变及其原因，进行了追问和探究。并就普兰女性传统服饰的价值，全面考察普兰女性传统服饰文化与其历史演变、文化传统、社会经济、制度形成、生活习惯以及审美观念等的关系，脱离从服饰的某一特点作单一的、局限考察，并对这方面进行了探讨和辨析。

在结语部分，以普兰女性传统服饰的传承与保护问题；原生态民族

服饰文化保护为重中之重，从"现状"和"危机"出发，铺陈了自己的看法和思考，并就问题的应对和解决措施提出了建设性方案。

综观以上几章内容，读者可能会觉得本书对于阿里普兰女性的传统服饰文化的记述存在的分量和深度方面不足，这主要是因为对于服饰文化的深层内涵和辐射区域方面笔者尚未彻底研究，这也是今后进行拓展研究的驱动力。

第二节 研究对象和意义

本书研究对象所属地域按照今天的行政区划，分别为中国西藏阿里普兰县的科迦村、多油村、吉让村、仁贡村、西德村和赤德村等行政村。下面将根据前人的研究成果概述西藏阿里的历史脉络。

新旧石器时期，阿里高原已经有人类活动的遗迹，距今8500年的夏达措（ཧ་བརྩ་མཚོ）到距今7000年的切日新石器时代遗址等出土了大量石制品和动物骨骼的遗物①。如位于阿里革吉县城周边的梅龙达普洞穴（མེ་ལོང་ཕུག）遗址②为新石器晚期高原人类的居住活动提供了直接的证据。石器时代遗址出土的石片石器、细石叶等为高原先民与跨喜马拉雅区域与祖国北方新石器文化间的交流交融提供了物质线索。到了早期青铜时代即距今3000年以来，阿里高原发现的诸多动、植物岩画遗存同样为阿里高原与邻近的克什米尔、中亚的斯基泰文明之间文化互动提供了直接的证据。阿里日土县日穆东发现的岩画带有"S"纹样动物花纹

---

①吕红亮：《跨喜马拉雅的文化互动西藏西部史前考古研究》，北京：科学出版社，2015年，第31页。

②2018年7月，由西藏自治区文物保护研究所与中科院古脊椎动物与古人类研究所组成的联合考古队在对西藏自治区阿里地区开展的系统的旧石器考古调查过程中，在此发现了保留有丰富古人类文化遗存的史前洞穴遗址。

①为例，其源流追溯至北方的希伯利亚一带。在阿里发现的石棺葬、洞室墓出土随葬品蚀化珠、青晶石跟中亚有密切的关系；箱式木棺亦与同时期西域墓葬习俗有关；皮央格林唐的双饼形剑同样揭示其与横断山脉间有紧密的贸易往来②。另外，以主要随葬品—黄金面具③为例，其源流不仅与中亚有关联，且为吐蕃时期金覆面的民俗文化传承提供了可靠的物质线索，包括早期阿里的动物殉葬亦为吐蕃的厚葬习俗开启了历史先河。因此，青铜时代以现在的古格为中心，西北部的拉达克河谷和南面的尼泊尔北部等墓葬形制、随葬器物，甚至陶罐的器型和装饰纹样上显示出强烈的文化互动性。

象雄时期即前吐蕃小邦时代，今天的阿里地区已经出现了地方性历史文化，如敦煌古藏文文书载，象雄王达巴觉沃李聂秀、大臣为热桑杰和懂兰玛杂尼④。与此相对应的汉文史书中象雄记为羊同，如道宣所著《释迦方志》载："国北大雪山有苏伐剌拏瞿叫罗国(言金氏也)，出上黄金，东西地长，即东女国，非印度摄，又即名大羊同国，东接吐蕃，西接三波诃，北接于阗。其国世以女为王，夫亦为王，不知国政。男夫征伐种田而已。"⑤据《通典》卷六"大羊同"⑥记载："大羊同东接吐

---

① 李永宪：《西藏原始艺术》，石家庄：河北教育出版社，2000年，第176页。

② 四川大学历史文化学院考古系、西藏自治区文物事业管理局编：《皮央·东嘎遗址考古报告》,成都：四川人民出版社，2008年，第271页。

③ Samten G.Karmay,The Gold Masks Found in Shangshung and the "Five Supports of the Soul(rten lnga) of the Bon Funerary Tradition.pp330-331 The gold mask is square and its size 4cm. by 4cm. Further details about its features are given：'The eyes, nose and mouth were drawn on with black and red pigment. Little holes around the mask indicated it was originally stitched on silk.'（噶尔梅·桑木丹：《象雄出土的黄金面具和苯教丧葬仪轨的"五所依"》，载于才让太、次仁达瓦主编：《青藏高原的古代文明》，西宁：青海民族出版社，2018年，第330-331页。）

④ 敦煌写本P.T.1286.

⑤（唐）道宣：《释迦方志卷上遗迹》33篇第四。

⑥ 有关"羊同"一词的解释：汉文史书中的羊同是隋唐时期青藏高原西北部地区的一个部落邦国，唐太宗贞观五年（631）十二月始遣使至唐。十五年（641），闻唐朝威仪之盛，乃遣使朝

蕃，西接小羊同，北直于阗。东西千余里，胜兵八九万人。其人辫发发
毡裘，畜牧为业，刑法严峻。其王姓姜葛，有四大臣分掌国事。自古未
通，大唐贞观十五年，遣使来朝。"①这一段记述表明，汉文史书上出现
的"大小羊同"所指区域是"象雄"这一概念。另外，学界对"象雄"
（ཞང་ཞུང་）地域及其行政范围尚未形成一致的意见。尤其是晚期苯教文
献中其统治范围有"里象雄"（ཞང་ཞུང་ཕུག་པ）、"中象雄"（ཞང་ཞུང་
བར་པ）和"外象雄"（ཞང་ཞུང་སྒོ་པ）之说②。才让太先生等学者已经做
了详细的梳理③，在此笔者就不一一赘述。然而从小藏文史书《太阳王
系》的记载来看，吐蕃征服前此地有象雄五部族共治的迹象④。其中"

贡，太宗嘉其远来，以礼答慰。从此，其风俗物产始著于汉文史书。羊同有大羊同和小羊同之
分，遣使入唐者是前者。汉文史籍较多地记载了大羊同的情况。参见张云：《上古西藏与波斯文
明》，北京：中国藏学出版社，2017年，第68页。有关这方面的论著颇多，对于各家意见的汇总
可详见杨铭：《羊同地望辑考》，《敦煌学辑刊》2001年第1期。

①（唐）杜佑撰：《通典》，杭州：浙江古籍出版社，2007年，第256页。
②阿旺格桑丹贝坚参：《世界地理概说（藏文）》（木刻板）78叶。
③参见南喀诺布著、岗·坚赞才让译：《猫眼宝石珠链——藏族文化与象雄文化关系新议》，
《西北民族学院学报》1999年第3期；卡尔梅·桑丹坚赞：《卡尔梅·桑丹坚赞论文选集（上）》，
北京:中国藏学出版社，2010年；张云《古西藏与波斯文明》，北京:中国藏学出版社，2005年；才让
太：《再探古老的象雄文明》，《中国藏学》2005年第1期；霍巍：《论古代象雄与象雄文明》《西
藏研究》1997年第3期；黄布凡：《象雄历史地理考略——兼述象雄文明对吐蕃文化的影响》，《西
北史地》1996年第1期等。

④ཀུ་གེ་པ་ཚ་ཆེན་གྲགས་པ་རྒྱལ་མཚན། 《ཉི་མའི་རིགས་ཀྱི་རྒྱལ་རབས་སྐྱེ་དགུའི་ཆན་པ་ཞི་ཞིའི་ཕྲེང་མཛེས་
ཞེས་བྱ་བ་བཞུགས་པ་ལགས་སོ།》 དཔེ་རིང་བྲིས་མ། ཤ125参见，巴尔卡·阿贵译注：《王统日月宝串》，西宁：
青海人民出版社,2020年，第90页。译者认为"象雄五部"，笔者认为象雄五大家族。ཞང་ཞུང་མཆེད་
ལྔའི་སྲོང་གི་དབང་ཡིག་སུ་ སོས་ནི། སྲོང་མ་ང་རིགས་རྣམ་ཆེ་བའི་ཁོལ་གྱི་ཡིག་ཚང་ནི་ཉི་མའི་རིགས་ཀྱི་རྒྱལ་རབས་
སྐྱེ་དགུའི་ཆན་པ་ནི་ཞི་ཞིའི་ཕྲེང་མཛེས། ཡིན་སྣང་། དེ་ལས་ན་ཤ་དང་། "ཀུ་གར་ནས་རྒྱལ་བུ་པ་ཚའི་གུ་རིགས་
བ་ལུང་བ་རྣམས་ཀྱི་བུ་སྟེ། དེ་ཡང་ལས་ནི་ཤེར་ཆོང་ང་གུད་ཚོ། སྐྱེལ་ཤེར་སྲོང་གི་ལུག་ཏ་
སྒྲུབ་བཞེར་སྲོང་གིད་ཚ་ དུན་ཤེར་ནི་ཞེར་ཆེ་ དང་ལྷོ།" ཀུ་གེ་པ་ཚེ་ད་གྲགས་པ་རྒྱལ་མཚན་ ཉི་མའི་རིགས་ཀྱི་རྒྱལ་
རབས་སྐྱེ་དགུའི་ཆན་པ་ནི་ཞི་འི་ཕྲེང་མཛེས་ཞེས་བ་བཞུགས་པ་ལགས་སོ། བོད་ལྗོངས་མི་དམངས་དཔེ་སྐྲུན་
ཁང་། 2014ལོ། ཤ141 དེ་བཞིན་འདར་ཁུང་བདག་གིས་ཞང་ཞུང་མཆེད་ལྔ་ དག་གཏན་འབྱི་བཏན་པོ་ནས་མཆེད་
པའི་བཙན་པོའི་གདུང་རྒྱུད་དང་ རིགས་རྒྱུད་ཀྱི་སྐོར་ནས་འབྱེལ་བ་ཡོད་ཚལ་མཆེད་ དེ་བདག་འཛིན་བྱེད་ དེ་དང་

象雄五部族"之一芒韦尔氏族文献资料在阿里穹隆寺佛塔遗迹中最新发现的家族文书足以为证，笔者等已发表相关藏文论文①，文书重点涉及了象雄芒韦尔氏族重要人物的尚勇和权利，由此相关的历史事件、文献知识和政教策略等为主的象征意义。同时根据敦煌吐蕃文书记载，吐蕃松赞干布先下嫁其妹给象雄王，后以象雄王夫妻关系不和为由，赞普领兵灭其政权②。汉文史籍对此亦有记述，如《唐会要》卷九九"大羊同国"条载："至贞观末，为吐蕃所灭，分其部众"③。有研究者认为，象雄被赞普松赞干布征服并归顺于吐蕃，从此得名"阿里"（མངའ་རིས）。"阿里"意为"君主属地"，或"隶属"之意。到了赞普赤松德赞时期，王室为象雄促使纳入吐蕃政权立下汗马功劳的结辛赤旺祖布特地颁发了"家族敕文"。2016年当地人在阿里穹隆寺内发现《吐蕃赞普赤松德赞曾为古格大臣"结辛·赤旺祖布"（རྒྱ་གིན་སྲོན་ཆེན་པོ་ཁྲི་དབང་གཙུག་ཕུད་རྗེ）家族敕文》，该文书不仅记载了象雄从朗日松赞开始反复被吐蕃收复控制，

ཡང་ཞིག་མོ་རྣམ་འཕྲུལ་འགྱི་དགོས་པའི་གནད་མ་སྐམས་ཀུ་གི་པའི་ཏེ་ཁྱགས་པ་རྒྱལ་མཚན་གྱིས་བརྩམས། འདར་ཆ་བྱུང་བདག་གི་མཆན་བཏགས་ལྟ་བུ་ལ་ཡེ་ཤེས་ལོ་ཀྱི་རྣམ་པར་རྒྱལ་བའི་མཆན་འགྲེལ་ཏེ་སེའི་མཁུལ་རྒྱལ་ཀུན་གོའི་ལོ་རིག་པ་དཔེ་སྐྲུན་ཁང། 2015ལོ། ༡80

①ལོ་རྒྱུན་རྒྱལ་མཚན། དགེ་ལོད་བསྟན་འཛིན་མཆོང་མེད། བཙན་པོ་རིས་ཆོན་གྱིས་ཞེན་ཞུང་མང་སེར་གྱི་ཁུ་རབང་ཚ་རྒྱུན་ལ་གནང་བའི་བཀའ་ཆིགས་ཀི་ཡི་གེའི་སོར་སྟོར་དང་དཔྱད་སྦྱོར། བོད་ལྗོངས་སློབ་ཆེན་རིག་གཞུང་། 2022ལོ། འཛིན་ཐེངས་བཞི་བ། 文章探讨由雅荣·普布伦珠提供的一份最新发现吐蕃赞普堆松芒布父子时期颁发给象雄芒韦尔氏族的敕文即《铁卷文书》，其后吐蕃历代赞普追加封号给象雄芒韦尔氏族直至公元1093-1120年，敕文重点涉及了象雄芒韦尔氏族重要人物的尚勇和权利，由此相关的历史事件、文献知识和政教策略等为主的象征意义。这份敕文是研究藏学历史文化的重要收获，同时发现这份珍贵文献对研究阿里早期历史，特别是赞普后裔断代有着弥足珍贵的文献价值，也是南亚国别史研究不可或缺的藏文古籍资料。故此作者试图通俗易懂解读原文并注释的同时，敕文形成过程和研究价值也向学界进行了首次公布和探讨。

②（法）A·麦克唐纳著、耿昇译、王尧校：《敦煌吐蕃历史文书考释》，西宁：青海人民出版社，1991年，第154页。

③宋王溥：《唐会要》，乾隆中期木刻板。

最终成为吐蕃治理下的重要一员，并以古格为军事后方，先后征服了更远的大小勃律等地方政权。同样，新旧《唐书》等汉文史料亦载有吐蕃引象雄兵到唐蕃交接松州等地攻城掠地的记述。吐蕃在政治上不仅有效治理"阿里"，还在当地推行佛教信仰，目前我们在阿里普兰县细德乡觉若组发现的吐蕃观音碑（图1-1）就是其明证。

图1-1 阿里普兰西德石碑（笔者考察时拍摄）

据阿里地方早期史料《月种王统》记载，"先祖赤吉鼎（ཁྲི་སྐྱལ་ཞིང）[1]前往上部阿里地区，联盟上部地区的高贵之人，行高之事而又永久起兴善法。"[2]吐蕃赞普朗达玛的后裔吉德·尼玛衮

①ཡོངས་གྲགས་ལ་སྐྱིད་ལྡེ་ཉི་མ་མགོན་ཞེས་བ། དུན་ཧོང་ཤོག་དྲིལ་Pel.tib.849ལས། "བཙན་པོ་ཁྲིས་ཀྱི་ལིང་དང་སུམ་ཆེ་བ་པལ་མགོན་དང་། བཀྲ་ཤིས"ཞེས་འབྱུང་བལ། སྐྱིད་ལྡེ་ཉི་མ་མགོན་གྱི་མཚན་གྱི་འབྲི་སྲོལ་གཞན་ལ་"ཁྲིས་ཀྱི་ལིང"ཞེས་གསལ་ཚུལ་མཐབ་བ་བཀྲ་ཤིས་དོན་གྲུབ་ཀྱིས་བཏགས། མཐབ་བ་བཀྲ་ཤིས་དོན་འགྲུབ་ཀྱིས་བཀོད། བཙན་པོའི་ཡིག་ཚང་ལས། ཁྲི་དང་འུ་དུན་བཙན་ལ་དགར་ས་། གུང་གོའི་བོད་ཀྱི་ལོ་རྒྱུས་ཀྱི་སྐྲུན་ཁང་། 2019ལོ། ꞏ192 དེ་བཞིན་རྒྱལ་རབས་ལ་ཟླ་རིགས་མར་"ཁྲི་སྐྱལ་ཞིང"ཞེས་འབྱུང་བ། སྐྱོན་གྱི་གཅན་མི་ཏོག་ངོ་གཙང་ལས། "སྐྱིད་ཞིང"ཞེས་འབྱུང། བོད་ཀྱི་རྒྱལ་རབས་དེབ་ཐེར་གཙང་སྐྱོན་བོད་ལྡོང་བོད་ཡིག་དཔེ་རྙིང་དཔེ་སྐྲུན་ཁང་། 2005ལོ། ꞏ9

②གུ་གེ་པ་ཚེན་གྲགས་ལ་རྒྱལ་མཚན《ཉི་མའི་རིགས་ཀྱི་རྒྱལ་རབས་དང་ཟླ་བའི་རིགས་ཀྱི་རྒྱལ་རབས》བོད་ལྗོངས་མི་དམངས་དཔེ་སྐྲུན་ཁང་། 2014ལོ། ꞏ166

（སྐྱིད་ལྡེ་ཉི་མ་མགོན）为避
战乱逃至阿里，受到阿
里当地首领札西赞的礼
遇，并将其女卓萨阔琼
嫁给吉德·尼玛衮，推
举吉德·尼玛衮为王，
后开疆扩土成为阿里三
围之王。他在阿里普兰

图1-2 古喀尼松遗址

修建"辜卡尔尼松"（སྐུ་མཁར་ཉི་བཟུང）①（图1-2）热拉磅玛（ར་ལ་མཁར་
དམར）②等王室城堡，以此为基础构建起了地方势力为主的行政体系。
据《拉达克王统记》载："长子白吉贡统辖阿里玛域，二子扎西贡所属
领地为布尚、古格、亚孜等；三子德祖贡则占据了桑嘎、比地、比角等
地"③。另外，在《拉喇嘛沃传记》中亦出现了三位王子封地合称"阿
里三围"（མངའ་རིས་བསྐོར་གསུམ）的说法。④

---

①གུ་གེ་པ་ཚེ་ཆེན་རྒྱལ་པ་རྒྱལ་མཚན། 《ཉི་མའི་རིགས་ཀྱི་རྒྱལ་རབས་དང་བྲ་བའི་རིགས་ཀྱི་རྒྱལ་རབས》
བོད་ལྗོངས་མི་དམངས་དཔེ་སྐྲུན་ཁང། 2014ལོར། ཤ147དེ་ ནས་དགེ་བཤེས་བཀྲ། ཤིས་བཙན་གྱིས་སྐུ་རངས་སུ་གཏང་
དུས་ཏེ་སྐུ་མཁར་ཉི་བཟུང་བརྩིགས། འཚོ་བཟའ་འཁོར་སྐྱོང་བཙུན་མོ་ལ་ལ་ཕུ་ལ་ཞིག་ལ་ཕུ་ཆེ་དང་
གྱི་མགོན། རབ་ལ་ཕ་མགོན། ལྷང་ལྗེ་གཟོན་མགོན་བཅས་སྐུ་མའི་ལ་པ་ལ་འཁུན་ལ་ཉི་པ་ལ་
གསུམ་ལ་མངའ་རིས་སྐོར་ལ་བྱའི་སྟེ་ཀྱི་མངར་རིས་སྐོར་ལ་བྱ་ལ་གུ་ལ་ལ་བྱུང་ ཞེས་གསལ། （为吉德
尼玛衮，献上了格贝尔扎西赞之女绰萨廓迥后，生有三子，名曰"上部三衮"。长子白吉衮，次子扎
西衮，幼子德祖衮。）

②གུ་གེ་པ་ཚེ་ཆེན་རྒྱལ་པ་རྒྱལ་མཚན། 《ཉི་མའི་རིགས་ཀྱི་རྒྱལ་རབས་དང་བྲ་བའི་རིགས་ཀྱི་རྒྱལ་རབས》 བོད་
ལྗོངས་མི་དམངས་དཔེ་སྐྲུན་ཁང། 2014ལོ། ཤ140

③佚名：《拉达克王统记（藏文）》，拉萨：西藏人民出版社，1986年，第23页。

④གུ་གེ་པ་ཚེ་ཆེན་གུགས་པ་རྒྱལ་མཚན། 《སྤྲ་བ་ལ་ཡེ་ཤེས་འོད་ཀྱི་རྣམ་ཐར་རྒྱལ་པ》 དཔེའི་རིང་སྦྲེལ་མ། ཤ2 在
珍贵的藏文古籍古格·班禅扎巴坚赞《拉喇嘛沃传记》（手写本）中记载："菩提祖师拉喇嘛沃就出
生在阿里三围：亚泽、布尚和古格中部"。

古格地方政权是吐蕃政权崩溃后建立的正统后裔政权，吐蕃王室后裔吉德·尼玛衮在10世纪初入主西藏西部，为统治整个西藏西部地区的阿里王系奠定了基础。其历史背景而论，吐蕃爆发百姓起义，王朝崩溃，吐蕃陷入分裂割据状态，没有一个统一的政权，阿里一带也不例外。但自（934年）吐蕃赞普后裔吉德·尼玛衮抵达阿里以后，以布尚为据点，逐步占领阿里大部分及拉达克，坐主一方，建立了统一的政权。在其晚年，特将自己归属的地域划为三围（སྟོད་གསུམ），封给三个儿子，其中古格王朝持续了近七百年。据考古研究人员对古格王朝遗址（གུ་གེ）①的考察，其年代考证为10—12世纪左右，由此推断，古格王宫是不断扩建的，进而亦证实了古格地方政权存在的时间跨度。其后11世纪，古格王拉德（ལྷ་ལྡེ）把辖区内的"协尔"（ཞེར）等三个地方，赐予佛经翻译家仁钦桑布（958—1055年）作为"却谿"（མཆོད་གཞིས），②即"供养庄园"，研究人员认为这是西藏的首座封建制的谿卡。古格王·强曲沃（བྱང་ཆུབ་འོད）于1042年迎请萨霍尔高僧阿底峡（ཇོ་བོ་རྗེ）至阿里。由阿里古格王朝支持复兴藏传佛教的，史上被称为"上路弘法"。这一点也体现了古格王国早期诸王倡导的佛教复兴运动是藏传佛教后弘期上路弘法的主要动力，在复兴佛教的同时，古格的统治者也在进行着一场影响深远的体制改革。在拉喇嘛·益西沃（ལྷ་བླ་མ་ཡེ་ཤེས་འོད）③的努力下，古

---

①པ་ཚབ་པ་བསྟན་དབང་འཇུགས། 《བོད་ཀྱི་གནའ་བོའི་རྒྱལ་ཕུན་དང་རྒྱལ་ཕན་སིལ་མ། སྟོང་སྟེ། ཡུལ་དཔོན་ཆེན་བཅས་ཀྱི་ཞིབ་འཇུག》བོད་ལྗོངས་མི་དམངས་དཔེ་སྐྲུན་ཁང་། 2020ལོར། ཤ145

②གུ་གེ་ཚི་ཐང་པ། 《ལོ་ཆེན་རིན་ཆེན་བཟང་པོའི་རྣམ་ཐར》 དཔེ་རིང་བྲིས་མ། ཤ286

③ལྷ་བླ་མ་ཡེ་ཤེས་འོད་ནི་སྤྱི་ལོ965ལོར་འཁྲུངས་པ་དང་དཀར་རིན་པོ་ཆེས་གསུངས། ལྷ་བཙན་དང་ཀུན་ན་མཁའ་འི་ཚོན་འཁྲུང་ སོགས་ཀྱི་སྟོང་ཏ་དང་འབོར་ཏེ་གཉིས་ལས་གཅན་འབོར་ཏེ་དང་ཏུ་སྟོན་སྟེ་ཡིན་ལ་ འབོར་ རབ་ཏུ་བྱུང་བའི་མཚན་ལ་ མ་ཡེ་ཤེས་འོད་ཡིན་པར་དང་ཀྱི་ཕ་ཆེན་ གྱི་ དགའ་ལ་མཐས་ཡིན། ཡོད་ཅེས། བགཀ་འཚོ་མས་འདེ་ན་བརྒྱབ་གྱང་སྟོང་ཏ་རབ་ཏུ་བྱུང་བའི་མཚན་ལ་ ལྷ་བླ་མ་ཡེ་ཤེས་འོད་ཡིན་པར་སྣྲ།

格政权创立了一套行之有效的"以教治国、政教合力"政教合一制的政治运行体制。在拉喇嘛·益西沃执政生涯结束之后，绛曲沃(བྱང་ཆུབ་འོད་)① 和悉瓦沃（ཞི་བ་འོད་）② 将这一政教体制发扬光大，与赞普沃德（འོད་ལྡེ་）③ 和泽德（རྩེ་ལྡེ་）④ 一起践行了拉喇嘛·益西沃的这一制度路线，使得古格在11世纪中后期盛极一时。黄博在《拉喇嘛与国王—早期古格王国政教合一制初探》中描述："这一制度蕴含着藏族政治家的巨大智慧，虽然实行时间不长，却开了后世西藏政治中最具特色的政教合一制的先声，对西藏政治和社会的影响极为深远。"⑤因此，"政教合一"的体制管理

ཞིབ་འཇུག་པ་ཁ་ཅིག་ལྟར་ན། ལྷ་བླ་མ་ཡེ་ཤེས་འོད་ཀྱི་འབྱུང་འདས་ཀྱི་ལོ་ཚིགས་ནི947-1023ཡིན་པ་དང་། དགུང་ལོ་སུམ་ཅུར་ཕེབས་པའི་སྐབས་ཏེ། སྤྱི་ལོ977ལོར་སྲིད་ཁྲི་མནའ་སྦྱལ་བར་འཇུག

①ཡིག་གཅིག་ནི་ཏོག་མའི་འབྲི་སྒྱུར་ལྟར་ན་ལྷ་བཙུན་བྱང་ཆུབ་འོད་ཞེས་པ་དེ་ཡིན་པ་སྟེ།

②དེ་ཡང་ཡིག་གཅིག་ནི་ཏོག་མའི་འབྲི་སྒྱུར་ལྟར་ན་ཕོ་བྲང་ཞི་བ་འོད་ཞེས་པ་དེ་ཡིན།

③མངའ་བདག་འོད་ལྡེ་ནི་ལུག་གི་ལོ(1031)ལ་འཁྲུངས་ནས་མེ་རྟ(1066)ལོར་གཤེགས་ཆལ་འདར་ཚ་ཁྲུང་བདག་ལྷགས་ཀྱིས་གསུངས(2015:332-334)དོར་ལ་འོང་གིས་རྒྱལ་སྲིད་བཟེགས་པའི་ལོ་ནི1006-1034ཡིན་པར་སྐུར།

④མངའ་བདག་རྩེ་ལྡེ་ནི་རྒྱལ་སྲིད་བཟེས་པའི་ལོ་ནི1063-1093ཡིན་པར་སྐུར། ཡོངས་གྲགས་ལ་རྩེ་ལྡེ་བཙན་པོ་དབང་ལྡེ་གཉིས་ཏོག་གཟའ་ཕའི་སྲིད་བདག་ཡིན་པར་གྲགས། མེ་པོ་འབྱུང(1076)གི་ཆོས་འཁོར་ན་བཙུགས་པ་ན་ཟུར་ཕོ་ལྡེ་བྱང་ཞི་བ་འོད་གཉིས་ཀྱིས་ཡོན་གྱི་བདག་པོ་ཆེན་པོ་མཛད་དེ། ཏོ་ཤིང་གཙུག་ལག་ཁང་དུ་འགྱུར་མ་དཀའ་ལ་ཀུན་བཙན་ཏེ། ཁ་འགྱུར་བ་རྣམས་བསྒྱུར་བ་དང་། དས་པའི་ཆོས་རྒྱ་ཆེར་བཀའ་ཆེ། ཆོས་མི་མཐུན་པ་རྣམས་གཏན་ན་ཕབ་པའི་རྒྱལ་མོ་ཚན་ཞིག་དྲག་སྤྱེ་ཆེན་པོ་གསུངས(ལྕགས་སྟེའུ2007:36)གནས་ཡང་འདིར་བྱ་དགོས་ནི་གཉིས་ཀྱི་འབྲུང་གི་ལོ་ཚོ་ཆེན་ལོར(ཨང་ཡོར)བའི་བྱང་ཆུབ་རབ་ཀྱིས་སྒྲིག་དགེ་རྒྱལ་བ་ཅན་ཀྱི་མཛད་པའི་ཆོ་ན་རྒྱ་འགྱོག་ཀྱི་བུ་གི་འགྱོག་པ་ནས་ཕྱག་ས་འདི་དེ་བྲ་དང་ལ་འད་ལེན་ཕྱི་སྦྱིན་ཕ་བྱུང་པའི་གཙུག་ལག་ཁང་དུ་བསྟུང་ཚལ་གྱུང་དེའི་མཛད་ཕ་ནས་ཁ་དུ་འགྱུར་མ་དཀའ་ལ་ཀུན་བརྒྱ་ཐུབ་གཉིས་ཀྱོན་ཆོན་མ 181-1-312a) འདིར་སང་འོང་ལ་སང་ཤེང་དང་ཕལ་ཆེར་མཚུངས་ཁ་འི་ཟོ་ཚ་དེ་པ་ནན་ཞིང་ནས་ཡིན་པ་དང་ཞིག་ཀི་དག་ཆ་ལ་དཔྱངས་གཅིག་གི་བྱང་འབག་ཞིང་འདིར་དང་ཟོ་ཚ་དེ་ཏི་ཕ་བཅུ་ལ་རྒྱ་བར་དུ་གསུངས་ལ་མཚམ་ཡང་མཐེར་ཝོ་ཆེ་ཡིས་རྒྱ་ཆུབ་ཞེས་ཚ་ཡ་འཕོར་ཡོག(རྒྱ་ཡར་འཇུང་པོ་ མེར་འཚོན)154 Giuseppe Tucci, Rin-chen-bzan-po and the Renaissance of Buddhism in Tibet Around the Milllenium,Rakesh Goel for Aditya Prakashan,2017,pp103.(Tibetan text of the biography of Rin-chen-bzan-po)

⑤黄博：《拉喇嘛与国王—早期古格王国政教合一制初探》，《中国藏学》2010年第四期，第15页。

延续至甘丹颇章地方政权时期。

　　1189年，蒙古汗王成吉思汗统一蒙古各部落之后，逐步向中亚、西亚和东欧远征。1206年，成吉思汗[①]的骑兵已经降服阿里，故该地之归顺当先于卫藏地区。这点在东嘎·洛桑赤列的《论西藏政教合一制度》中也有阐述："成吉思汗趁此机会在藏历第三绕迥的火虎年，即1206年派兵到西藏的卫藏地区，那时西藏的卫藏、阿里等地区的首领都不敢反抗，一一归顺。"[②]这段描述表明，当时阿里三围在内的全藏归顺蒙古汗国的管辖范围，而且实际上阿里先于卫藏与蒙古人接触。据《帝师八思巴传》记载，"1264年，八思巴前往吐蕃组建地方行政系统，委任各级地方官员，彻底改变蒙哥以来的分封局面。"[③]1268年忽必烈派其大臣会盟萨迦本钦，第三次详细清查西藏土地人口户数，增设从萨迦至阿里的四个大驿站。1280年，元朝军队再次驻屯"阿里"。《元史》卷八十七"百官志三"中谈到："九月丁亥，置乌思藏、纳里速古儿孙等三路宣慰使司都元帅府"[④]，其中附纳里古鲁孙"阿里之围"设元帅府，管辖军务，当地的古格王室地方势力仍然保留，继续行使对属民的管辖权。古格王室与萨迦关系甚密，且有姻亲关系，而不是藩属。有国外学者描述："阿里东部的大部分，包括它的首府阿里宗卡（བདང་རིས་རོང་ད་）在内的地区，是由拥有巨大自主权的芒域贡塘（གུང་ཐང་）小公国来管理的。它与萨迦保持着良好的关系，而且与昆氏家族的关系通过婚姻联盟而得以巩固。阿里三个万户总共有2635个霍尔堆（ཧོར་དུང་），再加上另外767个由古代国

　　①（美）杰克·威泽弗德著，温海清、姚建根译：《成吉思汗与今日世界之形成》，重庆：重庆出版社，2017年，第135页

　　②东嘎·洛桑赤列著，郭冠中、王玉平译：《论西藏政教合一制度》，北京：中国社会科学院学民族研究所，1983年，第58页。

　　③陈庆英：《帝师八思巴传》，北京：中国藏学出版社，2007年，第180页。

　　④《元史》卷17。

流传下来的隶属于领主的霍尔堆。它是贡塘统治者的正式名号，而这一点妨碍了我们把它与古格国政联系在一起的设想。该王称之为'法王'（ཆོས་རྗེ），后来是觉沃达布（ཇོ་བོ་བདག་པོ）。对于蒙古统治者来说，纳里速古鲁孙（མངའ་རིས་སྐོར་གསུམ）是一个单独的军事区城设置，有两位区城元帅来控制。"①阿里一带地方行政主要有元帅府来掌管。这点在国内学者论著中有所阐述："所管地区及事务的不同而有组织方面的差异，有宣慰使司都元帅府等名目的不同，设在边疆地区。"②由此可知，元朝时期阿里地方行政体制有着特殊的历史意义与作用。在14世纪，阿里的行政体制机构再次发生了变化。《明太祖实录》卷九十六载："该员久居西土，闻我声教能为心效顺，保安净土。"③西藏自治区档案馆藏明代圣旨原件也证实了1372年明敕封公失监为俄力思军民元帅。阿里古格王实力也很强大，几度武力扩张领地，统治过拉达克一带。

17世纪的西方传教士戈迪尼翁描述："1626年8月16日，国王让他在扎布让修建了一座教堂。国王和达官贵人们脖子上佩戴了十字架。"④这一记载证实了古格末代统治者赤·扎西泽巴（ཁྲི་བཀྲ་ཤིས་བཟིགས་པ）改信天主教，惹怒了强大的本土宗教势力，当地僧人聚众造反，拉达克趁机再度进犯，国王被俘并押往拉达克首府监狱，古格王国至此覆灭。由是，阿里核心地区被拉达克统治达五十年之久。目前学界对于这一战争的兴起缘由主要有两种观点。其一，根据《拉达克史》记载，拉达克人压迫格鲁派，在阿里边境地区制造不安，且极大影响着达

---

①（意）伯戴克著，张云译：《元代西藏史研究》，昆明：云南人民出版社，2002年，第52-53页。

②周振鹤：《中国地方行政制度》，上海：上海人民出版社，2019年，第410页。

③《明太祖实录》卷96，洪武八年正月庚午条。

④（意）托斯卡诺著，伍昆明、区易炳译：《魂牵雪域—西藏最早的天主教传教会》，北京：中国藏学出版社，1998年，第191页。

赖喇嘛和蒙古首领达赖汗关心的边境贸易纠纷①。其二，"拉达克支持一位宁玛派喇嘛引起的教派斗争"。笔者认为上述原因皆为造成喜马拉雅战场的导火线。1679年（土羊年）②，五世达赖喇嘛阿旺罗桑嘉措任命日喀则扎西伦布寺"执事僧"（དགེ་བསྐོས）③和硕特达赖汗堂弟噶丹策旺白桑布率领卫藏的蒙藏军队，进兵西部阿里讨伐拉达克。经过四年多的兵戈鏖战，噶丹策旺收复阿里，拉达克势力溃退至本土，阿里全境归附原西藏地方政府，极大地巩固了西部边疆。

从回顾阿里历史中，可以了解到阿里历史发展的变化必将对当地的文化产生巨大的影响。服饰文化作为当地文化的重要组成部分，也必然会受到强烈的冲击，这其中普兰地方的女性服饰亦不能避免。它在延续地方传统习俗的同时，不断地吸收其它区域服饰文化的养分充实自身，形成一种具有阿里地方特色的服饰文化结构。然而阿里地区普兰的部分服饰不能涵盖阿里全境，阿里地区服饰虽属于西藏服饰文化系统，却又不同于其他地区，因为它具有其他地区没有的藏族服饰文化的"原生性"，其中最为重要的元素是多元文化交流早在这种原生的古象雄文化中孕育，藏传佛教后弘期起始之一也是在该地区，这里是西藏历史不同时期多元文化的主要交流之地，从而在普兰女性传统服饰中反映出来，这些重要的历史文化信息更是值得世人探究的。阿里普兰女性传统服饰被称作"远古服饰活化石"④，以此作为研究点，探讨此服饰的悠

---

①佚名：《拉达克王统记（藏文）》，拉萨:西藏人民出版社,1986年，第23页。另，参见费思、卢斯、胡吞巴克合著，李有义译：《拉达克史略》，1987年，第31页。

②这段历史在诸多史料中有记载，1681年即藏历第十一绕迥铁鸡年。

③སྲིད་དབོན་པདྨ་སྐལ་བཟང་། 《དེ་སྔའི་བོད་ས་གནས་སྲིད་གཞུང་གི་གཞུང་ཡིག་ཐོག་གི་ཐ་སྙད་སྒྱུར་སྒྲོལ་དང་འབྲེལ་ཡོད་ཕྱོགས་བསྡུས་གསལ་འགྲེལ》 མི་རིགས་དཔེ་སྐྲུན་ཁང་། 2011ལོས། ༡66

④"据说，这是再现吐蕃时期女性服饰的活化石。"廖东凡：《藏地风俗》，北京：中国藏

久历史和所蕴含的丰富民俗文化内涵具有极强的历史文化意义。在研究方法上，本书以民俗学为主，以文化人类学、美学、历史学和社会学为辅，以西藏阿里普兰女性传统服饰文化为个案，研究其历史文化、穿戴习俗、实用价值以及传承悠久的原因。通过研究西藏阿里普兰女性传统服饰独特的穿戴习俗，充分挖掘普兰女性传统服饰文化所蕴含的地域文化和价值，以及独具特色的民俗和自成一体的审美。为继承和保护、发展藏族服饰文化提供参考。服饰研究者一致认为，服饰是一种"文化符号"[①]，要理解一个民族的服饰，就须把它作为一种文化来加以研究。藏族服饰不仅有充分的同一性，同时也有繁多的种类，而且区域特征显著。从这些现象出发追溯文化学上的渊源，不难看出，藏族服饰深受民族文化土壤的滋养。从古象雄的遗迹、古格王宫的壁画中窥见吐蕃政权分裂割据时期及甘丹颇章地方政权时期的普兰女性传统服饰形态，可见阿里地方政权时期传统服饰对普兰女性服饰文化的形成具有重要影响。在研究西藏阿里普兰女性传统服饰文化的同时，还需挖掘西藏与周边民族之间的文化关系，进一步考证服饰文化的变迁脉络。

第三节 学术史述评

西藏阿里普兰女性传统服饰文化，作为中华服饰文化的重要组成部分和西部佛教文明的重要内容，研究成果还相当薄弱，不仅数量上尚屈指可数，且质量上仍有待上乘之佳作。目前学界从普兰女性传统服饰

学出版社，2008年，第27页。

　　[①]引自李玉琴：《藏族服饰文化研究》，北京：人民出版社，2010年，第2页。另外，"西南民族服饰文化的诸多形式要素，这些形式要素如同语言的语词一样，构成服饰文化符号的基础部分。"转自邓启耀：《民族服饰：一种文化符号—中国西南少数民族服饰文化研究》，云南人民出版社，2011年，第131页。

的文化内涵和象征符号等视角展开研究者极为罕见，考虑到本书研究对象的区域特征性，笔者在回顾与梳理相关国内外学术史时，在研究文化范围上不局限于阿里普兰，而是拓展到服饰相关的阿里各县和西藏其他地区，以及喜马拉雅女性服饰文化可比性的区域研究范畴。在服饰文化的议题上，亦不局限于阿里普兰女性传统服饰文化的审美与实用，而是适当地扩展，包括普兰女性传统服饰文化的历史来源、象征意义和文化内涵研究等内容。关于西藏西部历史文化的研究，应该说起步较早，早期传教士、探险家的游记中就有对西藏西部历史、宗教、民俗等方面专门的叙述。至19世纪末20世纪初的"边疆人类文化史地"研究热潮中，对这一地区也多有关注。随着大量藏文历史资料的发现，文化人类学、考古学等新型学科兴起，西藏阿里文化在各个研究领域都取得了较为显著的进展，学者们相继发表了大量有价值的学术研究成果。笔者以阿里普兰女性传统服饰文化的个案问题为导向，通过对代表性论著成果的分析，尝试对既有学术的研究方法和分析范式加以梳理，从中梳理出其对本书的研究起到的启发与反思作用。

国内有关这方面的研究主要体现在以下几个方面：有关阿里地方历史著作，如古格·阿旺扎巴著《阿里王史》（藏文，手抄本）。乳毕坚瑾著《米拉日巴传及道歌》（藏文，青海民族出版社，1981）、格顿群培著《格顿群培论文集》（藏文，西藏古籍出版社，1990）、索朗旺堆著《阿里地区文物志》（西藏人民出版社，1993）、冈日瓦·曲英多吉著《雪域西部阿里廓松早期史》（藏文，西藏人民出版社，1996）、阿里地区政协文史资料编委会所编著《阿里历史宝典》（藏文，西藏人民出版社，1996）、古格·次仁加布著《阿里文明小史》（藏文，西藏人民出版社，2009）和《普兰婚庆习俗》（藏文，西藏人民出版社，2011）、阿里地区文化广播电视局编《象雄遗风》（藏文，西藏人民出版社，1995）沙诺瓦·才旺主编《绝世妙音·心灵盛宴：普兰县多油村民间歌舞集锦》（藏文，西藏藏文古籍出版社，2016）、政协普兰县委员会和科迦村委会（收集整理）《科迦民歌荟萃》（藏文，西藏人民出版社，2022）、赤烈塔尔钦《阿里史地探秘》（西藏人民出版社，2011）、古格·其美多吉著《普兰地方志》（西藏人民出版社，2012年）、杨年华和尼玛达娃著《西藏阿里文化源流》等，上述成果多数为本地学者所著，也有部分外来学者的游记。他们充分利用各自的优势，为重构、推介西部阿里地区的早期历史与独特地域文化作出了贡献。有关普兰女性传统服饰的记载见于上述一些著作之中。《米拉日巴传及道歌》载："当米拉日巴尊者到达普兰吉堂之地时，有众多当地人围观，尊者言'我等瑜伽行者想化斋'，随即人群中一位穿戴华丽服饰的姑娘问到你等父母亲戚是何人……"①。尽管米拉日巴大师传记中有关普兰女性服饰的内容很笼统，但是给相关领域的研究留下了重要的参考资料。此外，对于这一区域服饰的重要信息，大约较早见于见多识广的格敦群培大师的著述之中，《格顿群培论文集》论述到："阿里一带的妇女服饰跟安多地区非常相似，尤其背后披的斗篷和上面点缀的绿松石……"②。这也

①乳毕坚瑾：米拉日巴传及道歌(藏文版)，西宁：青海民族出版社，1981年，第369-370页。笔者拙译，原文如下：རྣལ་འབྱོར་དུལ་བའི་རྒྱལ་ཚན་གྱིས་བཙམས་པའི་རྣལ་འབྱོར་དབང་ཕྱུག་ཆེན་པོ་མི་ལ་ར་པའི་རྣམ་མགུར་ལ། ནོ་མ་གུ་རུ། རྗེ་བཙུན་མི་ལ་ར་པ་དཔལ་སྟོན་རྣམས་སྣོང་ཟླ་བྲུན་གྱི་ཡར་ངོ་ལ་པུ་རངས་སྙེད་བང་དུ་ཕྱིན་པའི་ཚེ། མི་མང་པོ་འདུས་པ་ལ། རྗེ་བཙུན་གྱིས་ཡོན་བདག་རྣམས་ལ་དེ་ནས་འདི་རྣམས་ཀྱི་ཟན་གྱི་འཆང་ན་ཞིག་སྟོན་དགོ་གསུངས་པ་ལ། དེ་རྣམས་ཀྱི་ཟན་ན་བྱད་མེད་སྟེ་སྣ་རྒྱན་བཟང་བ་བདགས་ན་ཞིག་འདུ་ང་ན་ན་རེ་ཞེས་འབྲེ་འདུ་ལ་མཚོ་སྟོན་མི་རིགས་ནང་སྐྱ་ཁང་། 1981ལོ། ན369-370
②格顿群培：《格顿群培论文集(藏文版)》，拉萨：西藏古籍出版社，1990年，第76页。笔者拙译，原文如下：མཁས་དབང་དགེ་འདུན་ཆོས་འཕེལ་གྱི་གསུང་ཚོགས་ཀྱི་དེབ་གཉིས་པ་ལ་སྟོན་མང་རི

是一段非常难见的相关服饰第一手参考资料。遗憾的是格顿群培大师也没有详细阐述相关普兰女性传统服饰的传承与保护。古格·次仁加布在普兰民间收集的著述《阿里普兰婚俗婚歌集》中描述："无价之宝的装饰有根琼（རྐྱེན་ཆུང་）、嘎列（ག་ལེབ་）、瑟吉（སེར་གྱིར་）、吉古（སྐྱེ་གུག）、果纳或巴德（ཀོ་སྣལ་པ་དང་）、桂清吉巴（གོས་ཚན་སྐྱིད་སྒྲུགས）、沃塔（ཨོལ་ཐག）、卡朵（ཁལ་ཏོག）、巴扎（པ་ཉ）、珠喜（གྲུ་བཞི）、吉日（སྐྱེས་རི）、三至五圈环绕的琥珀（སྤོ་ཤེལ་ཕྲེང་བ），还有珊瑚圈（བྱུ་རུ་ཕྲེང་བ）和珍珠圈（མུ་ཏིག་ཕྲེང་བ）。这些装饰是一家的母亲传给新娘，并世代相传而保存在家里的珍宝，在欢庆之日会穿戴，统称为'宣切'（ཤོན་ཆས）。据说流传于普兰王柯热（ཀོ་རེ）时代"[1]。上文这一叙述说明普兰女性服饰产生时期至少有一千多年的历史。以上是有关普兰妇女婚庆服饰的起源、装饰品名称和何时穿戴，以及传承方式方面比较简短的描述。此外，赤烈塔尔沁先生在《阿里史地探秘》中提到："如拓女装的特点之一是头戴别拉，与普兰坚琼相似，但没有两头尖角，上有大小松耳石、珍珠、红

དང་རྒྱ་གར་མཚམས་ཀྱི་མཐའ་ན་གནས་པའི་ཡུལ་ཀང་པོ་ཞིག་གི་སྐྱེད་ཀྱང་ལ་མའི་སྐད་ཉེན་ཏུ་མཐུན། བྱང་མེད་ཉམས་ཀྱི་ཆས་གོས་ཀྱང་རྒྱལ་ཏུ་རར་སྤྱིར་མོ་ཞིག་བཅས་ཏེ་དེ་གཡུ་སོགས་བསྒྲིགས་པ་ལ་མདོ་དང་འདི་ཞེས་འཁོར་འདུག བོད་སྟོངས་པོ་ཞིག་དང་ཉིང་དང་སྐྱན་ཁང་། 1990ལོ། ༡76

①如上内容为笔者拙译，需要说明原文中引用的大部分装饰物名称都是方言而命名，因此只能音译。详见古格·次仁加布编著：《阿里普兰婚俗婚歌集》（藏文），北京：民族出版社，2012年，第11页。原文如下：རྐྱེན་ཆ་རིང་དང་བལ་བའི་རྐྱེན་ཆུང་དང་། ག་ལེབ། སེར་གྱིར། སྐྱེ་གུག ཀོ་སྣལ་པ་དང་། གོས་ཚན་སྐྱིད་སྒྲུགས། ཨོལ་ཐག ཁལ་ཏོག པ་ཉ། སྐྱེས་རི། སྤོ་ཤེལ་ཕྲེང་བ་རེ་མར་སོན་རི་ལྟ་བུ། དང་ཆུང་ལ་གསལ་བྱེད་བཅས་ཡོད། དེ་བཞིན་བྱུ་རུའི་ཕྲེང་བ་དང་མུ་ཏིག་ཕྲེང་བ་བཅས་ཀྱང་ཡོད། ཅ་ལག་འདི་དག་ནི་ཁྱིམ་ཚང་རེའི་དང་། ནར་ཚང་རེ་ལ་ ནས་གདན་མར་འགས་ཞིང་མི་རབས་ནས་མི་རབས་བརྒྱུད་ཀྱིས་ཚེ་རེའི་དང་། ནར་ཚང་རེ་ལ་གནས་སྟོབ་ ཆ་ལག་སྐྱབས་སུ་ཡོན་གྱི་ཡོད། དེ་དག་ཚང་མར་སྐྱེ་མེད་ལ་ཤོན་ཆས་ཞེས་བཟོད་པ་རར་རྒྱལ་པོ་འཁོར་རེའི་སྐབས་ནས་དར་བར་། བྱུ་མི་ཙོ་རེ་ལ་པོ་ཚོམ་སྒྲིག་ མཁན་རི་སྔ་རབས་ཀྱི་འཛིན་གྱི་ཉེན་ར་འཛུགས་པ་ཆེན་འབྲིན་ གྲུ་སྲ་བ་ཞུགས་སོ། མི་རིགས་དཔེ་སྐྲུན་ཁང་། 2012ལོ། ༡11

珊瑚串珠垂饰和白银片儿，内有五色衬衣，外穿氆氇短袖长袍，再加邦典，堆贵；绣花呢子面料羊羔皮郎岗，脚穿绣花夹底靴子。"①诸如本地学者的著作中对普兰女性服饰大都是泛泛之论，在具体服饰文化审美和实用功能方面并未进行细致分析。

此外，阿里普兰民歌中流传着相关普兰妇女服饰的信息，阿里政协编《象雄遗风（藏文）》写到："光芒从东方照射，东山和明媚太阳，阳光啊我的拉木，照在雪山之顶峰，父辈积累的财富，乃是果庞（སྒྲོ་འབང་）和噶例（སྒྲ་ཞེན་），点缀在我的头部，今日来酒宴席上，父辈积累的财富，家族权利所拥有，今我来观赏节目。"②如上阿里传统民歌收集中记载了普兰的一段歌词，这段在普兰妇女传统服饰的藏文名称和专用术语方面表述的比较精确。还有在沙诺瓦·才旺主编的《绝世妙音·心灵盛宴：普兰县多油村民间歌舞集锦》中也有一段相关普兰妇女服饰的歌词："小山沟处一望，嗦呀啦嗦，小山沟处一望，啊拉杰，果旺竖立而赞，啊啦杰，果旺（མགོ་དབང་）和嘎列（འབག་ཞེན་），啊啦杰嗦，我等不要此饰物，要供奉给上师，为了普度而供奉；小山沟处一望，啊拉杰，念嘎（སྙན་དགའ）和绿松石珊瑚（གཡུ་བྱུར），啊啦杰，念嘎和绿松石珊瑚，啊啦杰嗦，我等不要此饰物，要供奉给上师，为了普度而供奉；小山沟处一望，啊拉杰，札岗（བྲང་སྒྲ་）和琥珀（སྤོས་ཤེལ），啊啦杰，我

①赤烈塔尔沁：《阿里史地探秘》，拉萨：西藏人民出版社，2011年，第290–291页。

②阿里政协编：象雄遗风（藏文），拉萨：西藏人民出版社，1995年第2版，第246页。引内容为笔者拙译，原文如下，ཤར་གསུམ་ཤར་ནས་ཤར། ཤར་རི་དང་དྲོ་ལྡམ་ཉི་མ། ཉི་མའི་ འོད་ཟེར་ངའི་ ལ་མོ། གངས་དཀར་རྩེ་ལ་ཤར་བྱུང་། ཡབ་ཆེན་ལ་ཐབ་བསགས་པ། སྒྲོ་འབང་དང་ཞེན་ལ་ དེ་དང་ ང་ཡི་དབུ་ལ་སྤ་ རིང་བརྒྱན་རྒྱི་ལ་འེ་བས་པ། ཡབ་ཆེན་ལ་ཐབ་བསགས་ལ། ཕ་གཞི་ང་དགྲ་ འོང་ལ། ཅུ་རེ་འི་ དེ་རིང་ ཞེ་བ་ མཛིགས་ མོར་ཞེ་ལ་ས། ཞེན་ མ་ངང་རིམ་ ག་ངས་ རིམ་ ག་ཆས་ རྒྱུན་ བསྐྲུན་བས་ འཛིན་ ཆུ་ གས་ ལ་ བསྒལག་ བ། ཆང་ སྐྱེད་ པའི་ རྒྱི་ འཁྲུང་ བོ་ དཀག་ གཱ་ལ་ བར་ འཛེབས་ བྲོ་ གོས་ དཔར་ བཅད། 1995ལོ། ཤ246

等不要此饰物，要供奉给上师，为了普度而供奉；小山沟处一望，啊拉杰，董罗（དུང་ལོ）和嘎拉穷（དགར་ལ་ཆུང་），啊啦杰，董罗和嘎穷，啊啦杰嗦，我等不要此饰物，要供奉给上师，为了普度而供奉；小山沟处一望，啊拉杰，桂（གོས）和氆氇（རྒྱ་ཁ་ཐེར་མ），啊啦杰，僧服氆氇，啊啦杰嗦，我等不要此饰物，要供奉给上师，为了普度而供奉；小山沟处一望，啊拉杰，索拉（སོག་ལྷམ）和嘎穷（དགར་ཆུང་），啊啦杰，索拉和嘎穷，啊啦杰嗦，我等不要此饰物，要供奉给上师，为了普度而供奉。"①这段歌词中也出现了诸多普兰女性服饰的术语，但藏文表述与上述不统一。近年在普兰县政协委员会和科迦村委会所收集和整理的《科迦民歌荟萃》中也有相关描述："阿佳头顶上，阿佳头饰，叫做果旺（མགོ་དབང་）和嘎列（སྐྲ་ཞིན），故乡的点缀，异乡的看点；阿佳耳饰上，叫做绿松石和珊瑚，故乡的点缀，异乡的看点；阿佳胸饰上，叫做琥珀胸

①沙诺瓦·才旺主编：《绝世妙音·心灵盛宴：普兰县多油村民间歌舞集锦》，拉萨：西藏藏文古籍出版社，2016年，第63-64页。歌词大意为笔者拙译，原文如下：རི་ཆུང་དང་ཕྱུག་ནས་བལྟས་པ། སོག་ལ་ཡི་ཡི། རི་གཅིག་དང་ཕྱུག་ནས་བལྟས་པ། ཨ་ལ་ཅེ། མགོ་དབང་དང་བཞིན་ལ་སྟེད། ཨ་ལ་ཅེ་མགོ་དབང་དང་བཀའ་ཞིན། ཨ་ལ་ཅེ་སོ། ང་ལ་མི་དགོས། ཙ་བའི་བླ་མ་ལྱལ་ལ་ཤོག པུ་མ་ཡར་འབུལ་ལ་ཕུལ་ཤོག རི་གཅིག་དང་ཕྱུག་ནས་བལྟས་པ། ཨ་ལ་ཅེ། སྐྲ་དཀར་དང་གཟུ་བྱུར། ཨ་ལ་ཅེ་སྐྲ་དཀར་དང་གཟུ་བྱུར། ཨ་ལ་ཅེ་སོ། ང་ལ་མི་དགོས། ཙ་བའི་བླ་མ་ལྱལ་ལ་ཤོག པུ་མ་ཡར་འབྱེ་ལ་ཕུལ་ཤོག རི་གཅིག་དང་ཕྱུག་ནས་བལྟས་པ། ཨ་ལ་ཅེ། དུང་ལོ་དང་སྐོས་ཞིག ཨ་ལ་ཅེ་སོ། ང་ལ་མི་དགོས། ཙ་བའི་བླ་མ་ལྱལ་ལ་ཤོག པུ་མ་ཡར་འབྱེ་ལ་ཕུལ་ཤོག རི་གཅིག་དང་ཕྱུག་ནས་བལྟས་པ། ཨ་ལ་ཅེ། དུང་ལོ་དང་དགར་ལ་ཆུང་། ཨ་ལ་ཅེ་སོ། ང་ལ་མི་དགོས། ཙ་བའི་བླ་མ་ལྱལ་ལ་ཤོག པུ་མ་ཡར་འབྱེ་ལ་ཕུལ་ཤོག རི་གཅིག་དང་ཕྱུག་ནས་བལྟས་པ། ཨ་ལ་ཅེ། གོས་དང་རྒྱ་ཁ་ཐེར་མ། ཨ་ལ་ཅེ་སོ། ཆོས་གོས་རྒྱ་ཁ་སྐྱར་ཞང་། ཨ་ལ་ཅེ་སོ། ང་ལ་མི་དགོས། ཙ་བའི་བླ་མ་ལྱལ་ལ་ཤོག པུ་མ་ཡར་འབྱེ་ལ་ཕུལ་ཤོག རི་གཅིག་དང་ཕྱུག་ནས་བལྟས་པ། ཨ་ལ་ཅེ། སོག་ལྷམ་དང་དགར་ཆུང་། ཨ་ལ་ཅེ་སོ། ང་ལ་མི་དགོས། ཙ་བའི་བླ་མ་ལྱལ་ལ་ཤོག པུ་མ་ཡར་འབྱེ་ལ་ཕུལ་ཤོག ཞེས་སོ། བ་ཚོ་དང་གིས་ཚོ་སྐྱིད། སྒྲ་སྙེད་སྟོད་ཡུལ་ངོ་ཚོའི་སྒྲིག་བའི་སྤུན་སྒྲུངས་ཀྱི་འགྱུར་ཡིན་ཀྱི་དགའ་སྟོན་བཞུགས། བོད་ལྗོངས་བོད་ཡིག་དཔེ་རྙིང་དཔེ་སྐྲུན་ཁང་། 2016ལོ། ཤ63ནས64

饰，故乡的点缀，异乡的看点。"①此处再次对普兰女性传统服饰中最华丽的"宣服"（ ᠪᠥᠨ·ᢗᠡᠰ ）的名称进行了应用。笔者认为这几部普兰民歌整理的资料，或多或少给出了服饰名称的专用术语以及一脉相承的传统歌舞的表述方式，也是前辈们搜集整理的第一手资料，对于本书具有十分珍贵的借鉴意义和参考价值。

其他有关藏族服饰文化的著作，如：杨清凡《藏族服饰史》（青海人民出版社，2003年）、李玉琴《藏族服饰文化研究》（人民出版社，2010年）、邓启耀《民族服饰：一种文化符号—中国西南少数民族服饰文化研究》（云南人民出版社，2011年）、扎呷《西藏传统民族手工艺研究》（中国藏学出版社，2005年）、王明珂《羌在汉藏之间—川西羌族的历史人类学研究》（中华书局，2008年）等，都有专门介绍阿里普兰女性独特传统服饰文化的章节。但部分叙述内容对此区域的服饰组成的命名和文化涵义存在一定的误区，并且没有进行深入的研究。

有关阿里早期历史、古格文明及地域民俗文化的学术论文，如古格·次仁加布《浅谈阿里普兰婚庆习俗》（藏文，《西藏大学学报》2011年第2期）一文，较为全面地介绍了普兰地方独特的婚庆习俗，为本课题的研究提供了重要的依据。此外，一些学者长期从事西藏西部地区历史文化研究，他们从考古、苯教文献和岩画等领域入手，积累了丰硕的研究成果，如才让太《古老象雄文明》（《西藏研究》1985

①政协普兰县委员会、科迦村委会（收集整理），江白主编：《科迦民歌荟萃》，拉萨：西藏人民出版社，2021年，第68页。歌词内容为笔者拙译，原文如下：ཨ·ཙེ·མགོ་ལ། ཨ·ཙེ་ཞིད་མགོ་ལ·འདོགས·པ། མགོ་དབང·ཟེར·དགུ·ལིག། རང·ཡུལ·གྱི·ངོས·བྱེད·ཡིན། མི·ཡུལ·གྱི·ལྟད·མོ·ཡིན། ཨ·ཙེ·ཞིད·སྣ·ལ·འདོགས·པ། སྣ·གོང·ཟེར·གཡུ·ཕྲེང། རང·ཡུལ·གྱི·ངོས·བྱེད·ཡིན། མི·ཡུལ·གྱི·ལྟད·མོ·ཡིན། ཨ·ཙེ·ཞིད·རྣ·ལ·འདོགས·པ། བྱང·ཁ·ཟེར·སྨོན·ཤེལ། རང·ཡུལ·གྱི·ངོས·བྱེད·ཡིན། མི·ཡུལ·གྱི·ལྟད·མོ·ཡིན། ཞེས·འཇམ·དཔལ·གྱི། སྐྱིད·འཁོར·ཚོགས·ཡུལ·གྱི·སྒྲོ·རྒྱན·བྱ་གར·ཀུན·བཏུས། བོད·ལྗོངས·མི·དམངས·དཔེ·སྐྲུན·ཁང·། 2021ལོ། 768

年第3期）、石硕《"邛笼"解读》（《民族研究》2010年第6期）、霍
巍《再论西藏带柄铜镜的有关问题》（《考古》1997年第11期）、才让
太《再探古老的象雄文明》（《中国藏学》2005年第1期）、霍巍《从
新出唐代碑铭论"羊同"与"女国"之地望》（《民族研究》1996年
第1期）、张亚莎《古象雄的"鸟图腾"与西藏的"鸟葬"》（《中国
藏学》2007年第3期）等。这些论文大都以阿里历史文化的背景知识相
关，并未深入涉及阿里普兰女性传统服饰文化的审美特征方面的研究。

国外学术界虽未见专门研究阿里普兰女性传统服饰的论著，但可以
看到相关的亲历记述性材料，如：意大利哲学博士G.M.托斯卡诺神父撰
写的《西藏最早的天主教传教会》、德西迪利著《德西迪利西藏纪行》
（Ippolito desideri, *An Account of Tibet*）、杜齐著《西藏画卷》（Tucci,
Tibetan Painted Scrolls）。伯戴克著《十八世纪前期的中原和西藏》
（Luciano Petech, *China and Tibet in the early 18th century*）及奥地利学者
沃杰科维茨著《西藏的神灵和鬼怪》（*Oracles and Demon of Tibet*）、G·
图齐[1]著，魏正中、萨尔吉主编《梵天佛地》（上海古籍出版社、意大
利亚非研究院2009年）、美国学者梅戈尔斯坦《喇嘛王国的覆灭》、德
国学者汉内洛蕾·加布里埃尔《尼泊尔的首饰》（Hannelore Gabriel, *The
Jewelry of Nepal*,Weatherhill,Inc. of New York and Tokyo.1999）,Francke, *A
History of Western Tibet*, Pilgrims Book PVT.LTD.1907.Luciano Petech, *the
kingdom of Ladakh*, Roma, Is.M.E.O.1977. Roberto Vitali, *the kingdom of
Gu.ge Pu.rang*, Serindia Publication, 1996. A.K.Singh, *Trans-Himalayan
wall painting*, Agam Kala Prakashan, 1985. bSod names rgya mtsho, *the Ngor
Mandalas of Tibet*, the centre for east Asian Cultural Studies,1991. Rene De

---

① 即上文杜齐。

Nebesky, *Oracles and Demon of Tibet—the Cult and Iconography of Tibetan Protective Deities*.1993. 等等，都或多或少有所涉及普兰文化的论述。比如，19世纪末20世纪初，英国著名探险家、人类学家和画家A.亨利·萨维奇·兰道尔在探险游记《西藏禁地》中，讲述了在阿里普兰一带惊险而离奇的经历，对当时普兰的风土人情多有记述，书中还附有大量照片和素描的图片资料，给研究者留下了宝贵的第一手资料，他在著述中描写到普兰牧区女性服饰的状况："藏族女性像男性一样穿裤装和靴子，外面套上一件黄色或蓝色的垂地长袍。她们的发型很奇特，头发从中间被精心地一分为二，再往头皮上抹点儿融化的酥油，一直抹到耳际；之后将满头的头发编成数不清的细发辫，发辫上再系上红蓝相间的三条厚布带，与之相连的是装饰着珊瑚、孔雀石珠子、银币和小铃铛的铁片，一直从肩部垂至脚后跟。她们对此颇以为荣，百般卖弄，好让我们注意到她们的头饰。对于比较富有的藏族女子，她们的头饰往往价值不菲，她们把积攒的钱财或者值钱的物件儿，都缝在头饰上了。在头饰末端会系上一到三排或铜或银的小铃铛，每当这些铃铛叮当作响，就宣告藏族女士们大驾光临了，这习俗还真稀奇有趣，至于它的起源，她们无法解释，只说这样很漂亮，她们很喜欢。"[①]作者描述了普兰牧区女性服饰的大概特征，但仍未能素描并阐释本书相关的普兰农区普兰女性传统服饰文化的特征。据笔者目前掌握的国外资料，该书较为全面地记录有普兰区域的影像资料。

西藏传统文化的研究不仅拥有十分丰富的资料，而且经过二十余年的学术积累，取得了令人瞩目的成绩。从总体上看，西部阿里整体历史脉络的梳理和民俗调查方面所取得的成绩较为突出，但针对某一个区

---

① （英）A.亨利·萨维奇·兰道尔著，龙薇译：《西藏禁地》，金城出版社，2017年，第272页。

域，或具体文化分支的专门研究成果还未出现。因此，笔者试图在现有传统服饰文化研究成果和地区历史研究成果的基础上，进一步扩展深化，撰写一部较全面、系统地阐述阿里普兰女性传统服饰文化研究的专著，梳理其历史发展脉络并探讨其对藏族民俗文化变迁的影响，以及其在中国多民族服饰文化中的历史地位，以期丰富相关研究领域的成果，或将有助于促进具有中国特色、西藏特点的非物质文化遗产保护，具有一定的学术价值和社会意义。

目前国内外专门研究西藏阿里普兰女性传统服饰文化的学者寥寥无几①，更没有从民俗学角度研究阿里普兰女性传统服饰文化的学者。大部分学者撰写有关藏族服饰文化论文时，提到有关对普兰女性传统服饰文化的研究往往一笔带过，仅停留在表面的一些民俗事象，大多数研究停留在表面上，未曾深入挖掘其背后丰富的民俗文化内涵。现简要介绍一下目前国内有关普兰女性传统服饰的研究著述。杨清凡的《藏族服饰史》一书中谈到："女性服饰最为风格独特，其模仿孔雀而成的'孔雀服饰'为：头戴'廷玛'（棕蓝色彩线氆氇圆筒帽），耳饰珊瑚、珍珠等串成的长约10厘米的长耳坠，以帽和耳坠象征孔雀的头冠；背部披白山羊皮'改巴'（披单），上镶带原形花纹的粗氆氇条，象征孔雀背部，'改巴'周围镶嵌带圆形花纹的棕蓝彩色氆氇，是为孔雀的两翼，'改巴'底部开为三叉，是孔雀的两羽，有的改巴还缀以各色绸缎，风姿绚丽。"②《藏族服饰史》一书用精炼的语句，形象地把普

---

① 引自李玉琴：《藏族服饰文化研究》，北京：人民出版社，2010年，第1页。对于藏族的研究，历来受到学界重视，其研究视野主要集中于历史地理、宗教哲学、文化文学等方面，取得了丰硕的研究成果，是藏学研究的主体部分。据统计，这三个方面的研究占到了整个藏学研究的60%，而对其他领域的研究都表现不足。参见邓玲：《从文献统计分析看藏学研究现状—也谈藏学文献在期刊中的分布》，《西藏民族学院学报》，1994年第2期。

② 杨清凡：《藏族服饰史》，西宁：青海人民出版社，2003年，第201页。

兰女性传统服饰中日常服饰比喻成是"孔雀服饰"，这一描述会令很多人误认为节日穿戴的"宣切"（ཤོན་ཆས）①是"孔雀服饰"（རྨ་བྱའི་ཆས）②。尤其想到流淌于普兰境内的千年孔雀河，人们自然地联想到美丽动人的孔雀形象。可是事实上笔者在普兰大多乡村里做了详细的实地田野作业以后，发现把"宣切"称作"孔雀服饰"的说法几不存在。大家普遍认可的是古老的"宣切"是"妖魔服饰"（སྲིན་མོའི་ཆས）③，当地流传与此称呼相关诸多民间故事。当下有些媒体把节日盛装"宣切"说成是"孔雀服饰"，宣传普兰女性节日盛装时直接和孔雀服饰混为一谈，但很少有人提出质疑，更令人难以接受的是，对普兰女性传统服饰组成部位的陈述亦有错误之处。同样，"阿里普兰地区盛行羔皮袍，制作精细、装饰典雅，羔皮袍的加面料以毛呢为主，领、袖、襟底镶水獭皮，外套绸缎，这在整个藏区都是较具特色的。然而普兰服装最精美、最独特的却是妇女的'孔雀'服饰，它与阿里孔雀河的美名紧紧联系在一起。孔雀河源头似孔雀，它是美丽和吉祥的特征，为了使孔雀般的美丽和吉祥永生永世地存在于这块土地上，妇女们的装饰便模仿孔雀而流行至

---

①"宣切"藏语，意思是跳古老宣舞时穿戴的盛装。人类学和民族学著作中常出现的"自称"对当地妇女服饰的称呼。"宣"（ཤོན）本意是且歌且舞，当地人认为是一起跳着才能唱的歌，并采用阿里地区文化局2008年成功申报"非遗"的称谓"宣"。同时"宣"舞主要发源并流传于札达、普兰和日土县，是一种古老的民间舞蹈，也是结婚和接送贵宾时跳的一种舞蹈，是表示喜庆的舞蹈，其舞蹈队形呈圆圈、斜仙、龙摆尾，由办唱和鼓点，主要听敲鼓之节奏，跳时舞者手拿彩绸，在彩绸缠在膀子上，两头用手抓住，其步伐有"前走两步"，"后撤一步"，"双脚蹲起步"等，要求步伐稳而轻。由此可见，"宣切"指的是跳旋舞时穿戴的华丽妇女服饰。笔者在调研时发现，该舞蹈是旋转式的舞蹈，因此，笔者用"宣"字音译该舞蹈的名称，同时以它独特的旋转式舞蹈风格和仪式特征作为字面翻译，所以本文不采用"旋"，而用"宣"字来体现它原始意义，如跳该舞时穿戴的"宣切"（ཤོན་ཆས），等等，相关问题不再注释。

②人类学和民族学著作中常出现的"他指"对当地妇女服饰的称呼，笔者则认为这种称呼除了具有想象和雾里看花的含义以外，还掩盖了本民族所特有的文化底蕴。

③这对当地服饰不仅是一种"自称"，通过笔者实地调研，发现该名称具有一定的历史文化和宗教涵义。

今。"①根据扎呷《西藏传统民族手工艺研究》一书的描述，普兰妇女穿戴的最华丽的服饰取名与孔雀河谷紧密联系。但扎呷先生研究的局限性在于未进行实地考证，依据的只是前人的研究描述或靠想象力的自身角度做论证。

李玉琴女士在《藏族服饰文化研究》一书中也有所提及："女子服饰保留了吐蕃时期的特点，服饰别具一格。以普兰县妇女服饰最为典型，身披羔羊皮的挂面披风，头饰牛角形珠冠，额前垂挂一排银链，脖围一圈较宽的用珊瑚排列而成的项圈，胸前挂满了珊瑚、松石、蜜蜡等项链，有的长至膝部，显示富丽、华贵的特点。冬天披羊皮坎肩或拼色羊皮斗篷也是该地服饰的一大特点，色彩喜用强烈对比的红色、绿色。阿里为藏族原始宗教苯教之发源地，曾产生过灿烂的象雄文明。也由于其地理位置远离藏族的文化中心，该区的服饰透着古代的气息。"②可见李玉琴女士对西藏阿里普兰女性服饰文化作了简要概述，但未能阐释它的文化内涵及其重要的学术价值。

廖东凡先生的《藏地风俗》写道："这里保存和弘传了古老的吐蕃文化，包括服饰文化，吐蕃王朝有一种古老的祭祀歌舞，名叫'宣'，在卫藏地区已经失传，唯独在阿里地区完整地保存着，并在当地民间表演着。表演'宣'舞时，男子一律穿古代武士戎装，女子身着氆氇长袍，内穿红、黄、蓝、绿、白五样颜色的衬衣，衣袖按照不同的颜色依次露在外面，身后披一件缎子披风，身前挂满了密密匝匝的珍宝珠串，大都是珊瑚、松石、蜜蜡、琥珀之类，短的垂到胸前，长的垂到膝盖。脖子上带一条三四寸的项链，项链也是珊瑚、松石等珠宝制作的，胸前

---

①扎呷：《西藏传统民族手工艺研究》，北京：中国藏学出版社，2005年，第93页。
②李玉琴：《藏族服饰文化研究》，北京：人民出版社，2010年，第101页。

挂两至三四个'嘎乌'宝盒，大都金玉镂制。她们头上戴的珠冠，与拉萨和日喀则女性的'巴珠'不同，酷似隋唐时代的皇冠，额前垂下四五寸长的珠串端端地把眼睛和脸部遮住。据说，这是再现吐蕃时期女性服饰的活化石。"①廖东凡先生将普兰女性传统服饰这活态民俗直观地展示给世人，并且根据普兰古老的"宣"舞大致推断出了它的年代，说明了普兰女性传统服饰的历史价值和研究价值。可遗憾的是前辈也并没有再深入研究普兰女性传统服饰。近些年来关注西藏阿里普兰女性传统服饰文化的个人和媒体越来越多，但是发表出版的专著并不多见。

常年从事阿里地区文化工作的杨年华和尼玛达娃先生在他们的合著《西藏阿里文化源流》中描述："阿里的服饰细分起来，更是五彩缤纷，像一颗明珠闪亮在西藏。如普兰、札达两县的妇女的服装，且数量有限，别具特点。她们每逢节日，妇女们就换上盛装，装饰非常丰富，也很讲究，制作精美。从头到脚装饰一新，金子、白银、松耳石、玛瑙、珊瑚、翡翠、珍珠等珠宝，重达10多斤，价值几万、几十万、甚至上百万元，世代家产集于一身，由母亲传女儿，女儿添置一些服饰再传给她的女儿，女儿再传女儿，几十代传下的服饰，几乎是财产的大展示，以炫耀自身价值和美丽"②。可见两位前辈阐述中也涉及普兰妇女服饰，而且比较大致讲述了普兰妇女传统服饰的传承方式，但据笔者实地调查显示，如上所述的普兰服饰并非母亲传给女儿的习俗，而是母亲传给出嫁的女儿的嫁妆，这点在本书的相关章节中进行详细论述，也是本书打算重点考察的内容。

国内专题研究阿里服饰的博士研究生学位论文仅见一篇，即北京

---

①廖东凡：《藏地风俗》，北京：中国藏学出版社，2008年，第27页。
②杨年华，尼玛达娃：《西藏阿里文化源流》，昆明：云南美术出版社，2011年，第403-404页。

服装学院的常乐博士的博士学位论文《阿里改巴图符研究》，其中阐述："改巴图符所承载的古老信息可追溯到古象雄时期文明的母系氏族文化；展示了西藏服饰文化亦教亦俗的传统社会生态；反映了宗教斗争与融合的"伏藏文化"印迹；揭示了妇属改巴与邦典传承与'反哺'的西藏独特服饰文化现象。而这一切都蕴涵了藏汉文化融合的深刻性和历史地理性。改巴便是这种中华民族一体多元文化特质的生动实证。"①此文更加完整和久远的阿里服饰重要组成的"改巴"（ རྒྱབ་ལྷགས ）传统文化的象征，也就是"改巴"原生文化的形制和内涵以及象征符号等做了深入的调研和挖掘。但阿里普兰女性传统服饰文化的个案研究还尚未透彻，尤其整体服饰的形态、分类和工艺流程尚未阐述，以及藏文文献资料的运用和藏语的术语转述问题等有待进一步阐释。

　　总之，以往阿里普兰传统女性服饰的相关研究，引起了不少读者的关注，类似著作也逐渐多了起来，特别是一批多年从事阿里文化的外地学者，也相继撰写并出版了一些有关阿里普兰女性传统服饰介绍类的通俗读物。目前，关于普兰妇女服饰描述的文章已有几篇，由于这些文章主要以文学性见长，其目的在于讲故事而非学术研究，故于此不予评述。在相关研究中，把普兰妇女服饰跟孔雀服饰或飞天服饰②关联的较多，个别研究者以"他称"为主文化人类学为角度进行研究，但像这种强加型的服饰涵义解析未必符合研究的理论意义。本书研究对象区域的传统妇女服饰文化内涵则是原生态的文化解析，并非基于主观意识而歪曲原始地方文化现象。西藏阿里普兰女性服饰文化研究是民族学和民俗

---

　　①常乐：《阿里改巴图符研究》，北京：北京服装学院，博士学位论文，2019年，第3页。
　　②"其服饰与此时期壁画中菩萨、飞天等的服饰无异，一般都是头戴三珠宝冠，冠后衬着神的灵光圈，半裸上身，肩披长巾，腰裹长裙，跣脚。"详见竺小恩：《敦煌服饰文化研究》，浙江大学出版社，2011年，第34页。

学研究中的主课题，客观的共性认知可谓雄厚，但学术界对阿里女性服饰的工艺流程和结构谱系研究相对较少，尤其以普兰女性为主线的服饰文化研究凤毛麟角，文献资料零散且不统一，现有的诸多史料缺乏对普兰女性服饰进行系统的考证与整理。通过对西藏阿里普兰女性服饰文化的历史沿革和文化内涵等进行深入地分析并研究。这对该领域的整体性研究提供一个地方体制性较强、地域性明显的个案，通过在收集大量第一手文献材料方面以及人物访谈，并对特殊区域服饰结构的分析等途径，而且学科的理论认知上有较大的现实意义，这是本书与以往研究相比最具特色之处。

第四节 研究方法及思路

本书在研究方法上，利用藏汉英文献第一手资料和西藏大学图书资料、西藏文史资料、阿里政协汇编文献资料及历史文献资料、实地采访口述资料和国内外相关服饰专著等材料为支撑，以民族学为主要研究视角，同时运用历史学、民俗学、文化学和社会学等多维度研究范式，比较全面地分析了阿里普兰女性传统服饰的结构、特征和功能，并论述阿里普兰女性传统服饰的工艺流程、文化内涵和传承方式，进而丰富西藏服饰文化结构谱系。本书将通过查阅整理相关的藏汉英文献资料，结合前人的研究成果，尝试详实地分析普兰女性传统服饰的文化符号，深入分析历史上普兰女性传统服饰的文化内涵和审美艺术，为西藏传统服饰进入非物质文化遗产名录提供实物和理论支撑。

一、研究方法

（一）田野作业法

费孝通先生曾讲过："我们做研究工作的人，首先要选择自己研究

的对象，从实际出发，进行科学研究，不必过分重视自己研究的工作应当划入哪个学科的范围里去。"①研究一个对象不必拘泥于某个领域，需要多学科的综合研究。当然也要注意研究重心、研究倾向或研究角度的问题。服饰文化学是一门综合性的边缘学科，在研究中融入人文学科及自然学科的理论方法已成为一种发展趋势。

实地考察和田野考察工作是民族学、人类学②研究的基础，是获取研究资料最基本的途径之一。过去，服饰研究的实地调查目的主要是采集实物、描述服饰形态以及了解工艺的传承等。③本书研究的是西藏阿里普兰女性传统服饰文化的特征，在田野考察之时除了上述内容之外，还需要着重考察阿里普兰服饰文化的历史背景和发展脉络。比如，民俗活动中服饰的地位和作用，对服饰中一些特殊符号的看法和理解等。在实地调查过程中还借助拍摄、描摹、观察、访谈等多种手段，以确保田野考察材料的真实性。本书以西藏阿里地区普兰县的六个村落④作为调查点，在2015-2019年的寒暑假期间多次进行田野作业，实地拍摄当地群众穿戴服饰的过程。对群众中知识面广且对服饰文化有一定了解的人群进行抽样，认真细致地实地深入访谈，获取了大量的图片和视频资料。为了深入了解西藏阿里普兰女性传统服饰文化，调研期间课题组成员尽力融入当地老百姓的生活，以参加传统婚礼、宗教节日活动等方式获取比较稀缺的资料。同时，还走访了西藏阿里普兰的科迦村、多油村和细德村等六个实地考察村落，整理了西藏阿里普兰女性传统服饰文化的穿

---

① 张晨紫：《民俗学讲演集》，北京：书目文献出版社，1986年，第34页。

② "人类学者不能只是调查统计搞民意测验，也不能只是像旅游者或侨居者那样描述见闻，而要作比较文化的研究，并且要应用自己的专门训练。"详见金克木：《谈<菊与刀>——兼谈比较文化和比较哲学》，载《读书》1981年第6期，第111页。

③ 李玉琴：《藏族服饰文化研究》，北京：人民出版社，2010年，第15页。

④ 科迦、吉让、西德、赤德、多油和仁贡。

戴习俗、服饰组成部分的名称以及相关的象征意义，重点采访了当地群众中的中老年女性，以及当地有名的学识渊博的僧人和从事本地文化多年的前辈学者。通过对多位普兰女性传统服饰的非物质文化传承人的采访，而且多数被采访对象现年事已高，所搜集到的资料在诸多史料中不曾记载，这部分口述史的资料更显珍贵。同时采访了五十余位相关服饰的穿戴者，使收集到的资料更加丰富。

（二）口述史方法

"口述史①方法是指通过访谈对象的记忆和对个人经历的描述，记录他们对不同民俗事象的了解、认识和看法，以此来深入分析民俗事象和民俗主体的关系和影响。"②在这一点由于笔者尚未查阅到普兰女性传统服饰文化方面的可靠文献记载，因此其活态民俗的面貌以及背后深层的含义，只能通过口述史获得。

（三）文献资料研究法

本方法主要基于阿里历史文化的文献和史料进行研究，运用的文献资料主要有民间田野考察资料、阿里普兰地方志、民俗资料汇编等。在收集这些资料的同时，对其进行整理、归类、分析，提炼出本书所需的有效信息。同时，通过历史文献资料对西藏阿里普兰女性传统服饰文化的历史脉络作纵向描述。研究阿里普兰女性传统服饰的主要依据是口述资料，此外历史文献作为当时的记录和文化遗存，这些资料具有相当珍贵的价值。

（四）比较研究方法

比较法是社会科学的重要研究方法之一，它可以在同类对象之间

①王铭铭：《口述史·口承传统·人生史》，《西南民族大学学报》2008年第2期，第23-30页。
②苏发祥：《西藏民族关系研究》，北京：中央民族大学出版社，2006年，第45页。

进行，也可以在异类之间进行，还可以在同一对象的不同方面、不同部分之间进行。在西藏阿里普兰女性传统服饰文化的研究中，注重比较研究，可使研究更加深入、系统化。常用的比较方法有历史的比较（时间比较）和人类学的比较（空间比较）。纵向看，阿里普兰女性传统服饰文化是经过很长的历史时期积淀下来的，且处于动态的发展中。通过比较研究，不仅对西藏阿里普兰女性传统服饰产生的历史环境可以有一个清晰的认识，而且对普兰的历史背景和文化亦可有更深层的了解；从横向看，某一区域的服饰文化有它产生的社会条件和自然条件，还与地域文化有关。通过比较，不仅可以发现藏族传统服饰之间的相似点和不同点，而且可以对这些相同和相异的现象做出合理的解读。因此，本书采用比较研究，将西藏西部普兰女性传统服饰放到西藏阿里普兰县和其他县城的女性传统服饰，以及全部藏族聚居地的传统服饰之中进行比较，在具备可比性的前提下，又与周边相邻民族或有历史渊源的民族做一些适当的比较，突出西藏阿里普兰女性传统服饰文化的重要性。同时，多学科交叉研究对普兰女性传统服饰文化进行全面的梳理和研究，包括历史沿革、服饰工艺、结构样式等，从而完成普兰女性传统服饰文化的传承和保护状况的详细论述，对相关普兰女性传统服饰的非遗保护问题进行横向梳理及分析。在研究方法上强调文献分析与实地调研相结合，史实叙述与理论分析相结合，使服饰文化阐述既有清晰的脉络轨迹，又不流于线性描述和事实堆积，达到学理深度。

二、研究思路

本书属于地方服饰文化研究，每一门独立存在的学科，都有其研究对象，或者说矛盾的特殊性。从西藏服饰文化上与地方服饰文化相关的政治、经济、军事、文化等部分，都必然要纳入西藏服饰文化的研究内容。只有将地方服饰文化的研究置放于各个时期社会发展问题的总体之内进行，才可能动态地、全面地理解服饰文化，这是深入理解西藏服饰文化内涵的必由之路。再从阿里"普兰女性传统服饰"这一西藏地方服饰文化概念出发，梳理其渊源、服饰结构和制作流程的历史脉络和民俗事项，从这一概念历史沿革进行考证，探讨普兰女性传统服饰的文化特征在西藏服饰文化发展过程中特殊概念与历史记忆相互影响，进而对西藏地方服饰文化的主要特征、形态和分类的形成等对当下非物质文化遗产传承人产生了何种影响，何种视野、角度去探讨阿里普兰女性传统服饰这一特殊传承与保护等问题。

第二章　普兰自然环境与历史文化背景

　　服饰是人类与其生存的自然环境长期相适应的结果，也是反映当地社会文化的一个外在文化符号。由于西藏阿里各县的地理位置、气候特征、生活方式和传统习俗的差异性比较强，使得阿里普兰妇女服饰文化极具地域分异规律的特色。

　　一般来说，自然因素包括地理环境、气候、生态及自然条件决定的生产方式等方面。"其中，地理环境往往是决定气候的主要因素，而生态和气候直接影响物质生产的方式。影响藏族服装最直接的自然因素，应该是气候和物质生产两个方面。"[1]从服饰来讲，气候直接影响服装的形态、款式、色彩等，有时甚至起到了决定性作用，物质生产则直接影响服装的质料。同时，社会文化也间接影响服饰的形成和发展。

第一节 自然环境

　　西藏普兰女性传统服饰是阿里高原文化独特的地理环境的产物，服饰的种类、制作工艺、审美特征的形成，总是与古老文明的地理区域紧密相关的，在阿里高原这样一个举世罕见的地理环境中演变的普兰女性服饰文化，从表现的服饰种类、制作工艺、审美特征、文化内涵、沿袭传统及制作材质等方面都会表现出与所处自然环境密不可分的特点。显而易见，服饰是为了适应相应的自然环境而产生的，自然环境决定了该

---

[1]戴平：《中国民族服饰文化研究》，上海：上海人民出版社，2000年，第183页。

区域服饰文化独特的质料和款式、形制和花纹等环境因素。

一、地理环境

　　藏民族长期生活在相对封闭的区域，特殊的地域造就了独特的服饰文化。藏族服饰的结构样式、花纹饰品的形成和发展，受地域、自然气候、生产劳动和文化交流等因素的影响。在长期的生产劳动过程中，逐步形成了丰富多彩，独具特色的藏族服饰文化。同时又吸收了周边其他民族的文化元素。服装的式样、花纹、质地和附属饰品的实际应用不断发展演变，形成了西藏境内不同地区，甚至同一地区不同地域之间服饰文化的差异。

　　西藏西部的阿里高原是喜马拉雅、帕米尔、喀喇昆仑①三支亚洲最为高大的山系相连的极高海拔地区，包括中国西藏西部阿里地区以及现今克什米尔地区、巴基斯坦北部区域、尼泊尔西北部地区。阿里地区地貌特征是从南到北高原面次第抬升，而各大山脉主脊线则逐渐降低，最高点在普兰县境内的喜马拉雅山纳木那尼峰，海拔高程7694米，最低点在札达县什布奇附近的朗钦藏布河谷，海拔高程2800米，最大相对高差4894米②。这一地区平均海拔4000-5000米，属于干旱的内陆亚洲的腹心地带，自然条件极其恶劣。地貌特点总体表现为构造作用对地貌控制明显，各地貌单元延伸方向

图2-1 阿里普兰自然环境风光

---

　　①阿里喀喇昆仑山，也是典型的高原内部山地。详见郑度主编：《喀喇昆仑山—昆仑山地区自然地理》，北京：科学出版社，1999年，第28页。

　　②阿里地区地方志编纂委员会编：《阿里地区志》，北京：中国藏学出版社，2009年，第14页。

与区域构造线方向一致；地貌成因复杂，形态多样，新老地貌共存。其形成受原岩类型、固结程度控制，又受水流作用、冰川作用、风化作用影响。阿里地区地壳发展，是一个自元古代--古生代--中生代及新生代地壳活动、建造与改造的极其复杂的多阶段演化过程。①由于受到自然资源、地理环境等因素的影响，在西藏阿里地区各时代、各区域的人们，形成了西藏境内不同地区，甚至同一地区不同地域之间各种文化的差异。

阿里位于中国西部边陲，普兰县则位于阿里西南边角。普兰地处喜马拉雅山西段、冈底斯山南部，东与日喀则地区的仲巴县接壤，南邻国境线与印度、尼泊尔接壤，西与阿里地区札达县毗邻，北部与阿里地区革吉县和噶尔县接壤，县境酷似不规则的平行四边形。境内有举世闻名的神山"冈仁布齐"②和圣湖"玛旁雍措"③。另外，普兰还是阿里境内

①阿里地区地方志编纂委员会编：《阿里地区志》，北京：中国藏学出版社，2009年，第3-4页。

②神山冈仁波齐是万山至尊，坐落在今西藏阿里高原普兰县境内，海拔6714米。同时也是苯教、佛教、印度教和耆那教等共同尊崇的神山。（详情参见才让太、顿珠拉杰著：《苯教史纲要》，北京：中国藏学出版社，2012年，第27-39页）。神山冈仁波齐有记载的历史甚古，据《正法念处经》、《大阿罗汉难提密多罗所说法住记》载："底斯山形若五股金刚杵、其虚空高度为五百个瑜缮那"、"竭陀尊者和一千三百名罗汉聚居于岗低斯山悉经修法宏播善业"；另据《阿毗达磨俱舍论本颂》和《俱舍论释》载："自此（印度中部）以北翻越九座黑山，便是岗底斯也"，"自本瞻部洲往北越九座黑山，对面便是岗底斯峰距其五十由旬处有香积山"。诸如此类的记载亦有很多。它当时在印度佛教徒心目中的位置与印度佛教圣地灵鹫山、清凉寒林、广严城、舍卫城相仿。

③圣湖玛旁雍措，位于阿里地区普兰县境内，是世界上海拔最高的淡水湖之一，面积412平方公里，是一块天然纯净的巨大淡水库。这里不仅有神秘、迷人、绮丽的天然美景，更有荡气回肠的神话传说。相传，远古时期，有一位名叫怒邦的转轮圣王，他是位慈悲为怀、除恶扬善、被民众敬重的国王。有一次善良的国王走出王宫，前往风景如画的林苑散心。在途中看见老、病、死者悲痛辛酸的场面，顿生怜悯之心，便向身边的忠臣朵博问道：老、病、死为诸众生皆必经之痛苦，或惟独他们的不幸？忠臣答曰：此乃众生皆不可避免的自然规律。国王又问道：有何办法避去这些不幸和痛苦？忠臣又答曰：发利乐众生之慈悲心肠，无私发放布施是唯一的办法。于是，国王不惜财物，修筑了颇大的公堂，把臣民们召集到此处。在整整十二年内，发放大量的衣物、食品和财宝，以满足臣民们的需求。尤其煮了大量的米饭施舍给百姓，还在地上挖了又大又深的坑，把煮过米的汤倒进里头，经十二年之久把大坑灌满，于是坑内的米汤变为水，大坑成了湖泊，即玛旁雍措。

象泉河[1]、孔雀河[2]、马泉河[3]、狮泉河[4]四条著名河流的源头所在地。普兰境内雪山耸立，河流纵横，壮丽湖泊，物产丰富，自古以来这里一直是有名的麝香之路所经之地和外贸盐商窗口。

---

[1]象泉河，以源头流自形似象鼻的山谷而得名，藏语称"朗钦喀拨"（གླང་ཆེན་ཁ་འབབ）。从噶尔门士流经札达的托林寺、古格王国原遗址、大译师仁钦桑布的故乡底雅等名胜古迹，往西流出国境。流入印度后称萨特累季河（又译苏特里杰河），在巴基斯坦同奇纳布河汇成潘杰纳母河注入印度河，是印度河的主要支流，全长1450公里，流域面积39.5万平之方公里。富水力与灌溉之利，中流开凿灌溉渠道较多，灌地，田约80万公顷，河口至印度若泽泊勒附近可通航。在阿里境内的流域是古代象雄文明的中枢地带，诸如达重瓦琼龙欧卡(卡，意即城堡)、佩旺芜泽卡、碧帝卡、曲木帝的卡、其美噶芜卡以及古象雄最负盛名的古格杂布让卡等均在此河流域。也是藏传佛教后弘期重要的传播区，至今保留象雄文明和藏传佛教后弘期文化最完整的地带，诸如四古老的城堡殿堂、壁画、窑洞、传说、音乐、服饰等。引自古格·次仁加布编著：《阿里史话》，西藏人民出版社，2003年，第7页。

[2]孔雀河，源头流自状似孔雀开屏的山谷而获此美誉，藏语称之为"马甲喀拨"（ཤ་བྱ་ཁ་འབབ）。经喜马拉雅山南坡后称恒河，流入印度和孟加拉国，注入孟加拉湾。全长2700公里，流域面积106万平方公里。下游同布拉马普特拉河汇流，形成广大的三角洲。水量丰富，便于灌溉和航运，在其下流流域内人口稠密，盛产稻米、黄麻、甘蔗等作物。在阿里境内流经普兰县的朗嘎旺宗卡、噶尔冻卡、达拉卡、嘉狄卡等象雄文明的遗址。这儿盛传诺桑王子的故事，处处充满着故事中的典故，美丽动人的传说，猎人家族的传承。还有普兰历史上极为重要的历史人物平措旺布头人的史话。这里的歌舞和服饰具有独特的地方特色和象雄文明的遗迹，尤其在咽尺河岸的廓恰寺是藏传佛教后弘期文化的集大成寺。引自古格·次仁加布编著：《阿里史话》，西藏人民出版社，2003年，第7-8页。

[3]马泉河，源于形似骏马鸣嘶的口中喷流直下而得此美名，藏语称"当却喀拨"（རྟ་མཆོག་ཁ་འབབ）。源自神山冈仁波齐东南部，流经仲巴县境内时称"玛藏河"，自萨嘎开始称之为"雅鲁藏布（江）"，直至整个中上游流域。在其流域有麻庞布莫卡、色日竹木卡等，都是古象雄十八部的重要城堡和政治、经济、文化、军事的繁荣区。至今我们在这些犹存的古城堡遗址中依稀可见当年古代象雄强盛的情景。马泉河是雅鲁藏布江之源头，它不仅对象雄文明的形成起过重大的作用，而且对西藏各个时期、各类不同地域文明的孕育、形成和发展等起过巨大的作用。下游称布拉马普特拉河，流经印度东北部和孟加拉国，同恒河会合后注入孟加拉湾，长113公里（下游），其灌溉价值仅次于恒河。引自古格·次仁加布编著：《阿里史话》，西藏人民出版社，2003年，第8-9页。

[4]狮泉河，发源于神山冈仁波齐北部，源头流自似雄狮张开大口的山崖而得名，藏语称"森格喀拨"（སེང་གེ་ཁ་འབབ）。上游流经革吉县境内的邦巴森堆、森脉、纳普及噶尔县境内的甲牟、扎西岗、典角等，这里有一望无际的大草原、雄伟壮观的雪山、美丽如画的丘陵、梦幻般的自然景观、野生动物的乐园，更有辽阔地域、矿产资源、地热资源、太阳能资源、水资源、草场资源、野生动植物资源等丰富多采。沿河还有日拉卡玛、顶仲泽陶器遗址、扎西岗寺等古老的名胜古迹。它最终经托布噶鲁勒出境后称印度河，流经克什米尔、巴基斯坦注入阿拉伯海。全长3180公里，流域面积约96万平方公里，主要支流有萨特累季河等，在巴基斯坦东北部流域形成肥沃平原，南部河谷较窄，海得拉巴以南又分支入海，形成三角洲，面积约8000平方公里，灌溉系统较发达。详见古格·次仁加布编著：《阿里史话》，西藏人民出版社，2003年，第8页。

　　大唐高僧玄奘所撰写的《大唐西域记》中，将玛旁雍措描述成王母沐浴的"西天瑶池"。《隋书·女国传》中将阿里普兰等地称"女国"，并记载女国"在葱岭之南……气候多寒，以射猎为业……尤为多盐，恒将盐向天竺兴贩，其利数倍"。[①]所以，普兰是西藏与印度，尼泊尔进行商业交流的窗口，也是中外文化交流要道，为西藏与外界的物质文化交流起到了桥梁的作用。同时也是11世纪佛教上路弘法进入西藏时的必由之路，在藏传佛教史上也有非常重要的地位。阿里普兰女性传统服饰虽同属于阿里传统服饰一脉相承，却又不同于其他区域，因为它具有富含服饰文化的"原生性"较少，重要的是多种文化交流早在这种原生的古代文化中形成，使得普兰女性传统服饰所反映出这些重要的历史背景和文化内涵。

　　历史上普兰境内有不少印度和尼泊尔等外国商人做生意，有的商人成为了当地常驻外籍商人，普兰县城还有专门为印度、尼泊尔商人提供的国际交易市场，近几年国际市场搬迁至县城中心，市场规模扩大，各项基础设施建设和服务水平也有很大提升。西藏普兰对内、对外商品的互补性比较强，主要与来自印度、尼泊尔和国内四川等地的商人交换和买卖商品，西藏阿里普兰的印度和尼泊尔商户的数量和经商买卖货物都有明确的记载。除此之外，尼泊尔与我国西藏之间所进行的转口贸易占重要组成部分，著名的克什米尔商人在西宁、拉萨、加德满都和位于恒河中游的巴特那设有商站。历史上普兰的边境贸易始终在阿里普兰的管控之下，但贸易形式因各个集市地又具有差异性和多样性。在不断地交往交流和发展中，西藏阿里普兰传统边境贸易形成了贸易货物种类多样，商品结构据市场需求和边民生活需要不断调整，互补性较强的多元

---

①普兰县地方志编委员会编：《普兰县志（内部资料）》，2010年，第410页。

文化结合的贸易集市。随着国家"一带一路"①重大倡议的逐步展开与顺利实施，沿线的中外文化交流也受到越来越多的重视。

二、气候特征

气候特征是由太阳辐射、大气环流、地面性质等因素的共同作用而形成的。包括气温、降水、风向等方面，其中气温和降水对服饰的影响最大。当感觉冷时，衣服穿的厚一点，服装款式的离身性也低；相反，当感觉热时，人们就会穿的少一点或薄一点，服装款式的离身性也高。所谓"离身性"是指服装和身体的离合程度。

西藏阿里位于青藏高原西部，被誉为"世界屋脊的屋脊"，亦被称作地球"第三极"。阿里山地起伏变化大，高山湖泊河流多，是"万山之祖、百川之源"。阿里有数不清的神山雪峰，最著名的冈仁波齐峰是冈底斯山脉的第二高峰，海拔6714米，位于普兰县境内。冈仁波齐有着金字塔般的尖顶，四周对称，山峰积雪终年不化，形成四大河流。其中普兰是孔雀河谷等四大河流侵蚀冲积形成的山谷区。北部是寒带区域，植被稀少，也是人烟稀少的高寒草原。阿里高原特殊的地质地貌形成了独特的气候特征。全地区分为高原温带季风干旱气候区、高原寒带季风半干旱气候区和高原寒带季风气候区。气候基本特征是：昼夜温差大，年变化小；温度日变化大，年较差小；干湿季分明，降水较少；多风少雨、日照充足。此外，普兰县境内海拔较高，地势高峻，空气稀薄，明洁度大，日照时间长，太阳总辐射强，地形和海拔高度对气温的影响较

---

① "一带一路"（The Belt and Road，缩写B&R）是"丝绸之路经济带"和"21世纪海上丝绸之路"的简称，2013年9月和10月由中国国家主席习近平分别提出建设"新丝绸之路经济带"和"21世纪海上丝绸之路"的合作倡议。它将充分依靠中国与有关国家既有的双多边机制，借助既有的、行之有效的区域合作平台，一带一路旨在借用古代丝绸之路的历史符号，高举和平发展的旗帜，积极发展与沿线国家的经济合作伙伴关系，共同打造政治互信、经济融合、文化包容的利益共同体、命运共同体和责任共同体。

大，使境内各地区的气温分布差异较大，垂直变化较明显。春季升温迟缓，夏季短促，秋季降温快，冬季漫长，形成寒冷期长，温凉期短，没有明显的四季之分，气温日较差大，降水多集中在6月至9月，且多雷暴、冰雹、大风。气候基本特征是：昼夜温差大，年变化小；温度日变化大，年较差小；干湿季分明，降水较少；多风少雨、日照充足。[①]普兰境内气候寒冷，风大，春季降雨少，所以植被特别稀少。普兰独特的自然条件和气候特征，造就了普兰女性传统服饰的特殊性。

三、农牧分布

阿里西部农牧区主要覆盖在森格藏布（ སེང་གེ་ཁ་འབབ ）中下游流域，还包括该区域内的班公湖（ མཚོ་མོ་ངང་ལ་རིང་མོ ）、玛旁雍措（ མ་ཕམ་གཡུ་མཚོ ）、拉昂措（ ལ་ལྔ་མཚོ ）几个重要的内流水系发育区[②]。此外，按照不同的地域差别和不同的土地利用结构特点，阿里地区中部区域自南而北又可分为马甲藏布（ རྟ་རྒྱ་ཁ་འབབ ）流域牧农亚区、朗钦藏布（ གླང་ཆེན ）流域牧农亚区、噶尔藏布（ སྒར་གཙང་པོ ）和森格藏布流域牧农亚区、班公湖流域牧农亚区等四个牧农亚区。

普兰地貌多属小型河谷平原及盆地，海拔较北部为低，属高原亚寒带季风半湿润半干旱气候，常年气温较北部稍高，最暖月平均温度在10℃以上，能种植小麦、青稞等喜凉作物，部分地区还能种植温带果木蔬菜，为半农半牧经济区[③]。因此普兰属农牧混合区域，农业在阿里南部河谷地带尚重要位置，普兰、日土、札达、噶尔四县的河谷冲积扇，以及高山峡谷阶地都可种植耐寒的作物，是邻近多县主要的粮食供给之

①普兰县地方志编委员会编：《普兰县志》，（内部资料）2010年，第11页。

②阿里地区地方志编纂委员会编：《阿里地区志》，北京：中国藏学出版社，2009年，第61-62页。

③阿里地区地方志编纂委员会编：《阿里地区志》，北京：中国藏学出版社，2009年，第1-4页。

地[①]。阿里普兰农业区域是科迦、吉让、西德和多油，这一带是劳动密集型的农耕地区，人口也较为密集。另外，东北部牧业区域包括仁贡、雄巴和霍尔等牧草地资源丰富，这是普兰区域面积较大的牧业利用区，以从事游牧采猎的生产方式为主。阿里普兰地域比较辽阔，各个乡镇所在地地理环境、区域历史结构及气候等方面大同小异。从自然环境而言，普兰区域少有土地肥沃、气候宜人、开发历史悠久的大面积的冲积平原，绝大多数为农田和草原。由于地理位置的原因，普兰人民长期生活在一个相对封闭的特殊地域，特殊的地域造就了特殊的历史文化。普兰女性服饰结构、象征涵义和制作工艺的演变和传承，受到了独特的地域、自然气候等因素的影响。普兰多变的气候特征，不仅具有独特的规律，而且对中国至东亚其它地区气候也有较大的影响。自然气候对气象和农牧业科学的发展，以及对于普兰农牧业生产，自然资源的合理开发利用，都具有重大意义。同时对阿里普兰女性传统服饰文化渊源、区域划分等的科学归类有判断作用，对把普兰区域归结为半农半牧服饰区并作为典型个案进行详实研究起到基础性作用。

第二节 历史文化背景

不同的社会文化背景造就了不同的服饰文化，也赋予了服饰丰富的文化内涵和象征意义，使无生命的服饰变得更加鲜活。质地精致的阿里普兰服饰文化，具有悠久的历史和鲜明的藏族服饰特点，是藏民族创造的一种独特的区域文化和艺术，体现着它的创造者—阿里普兰人民的智慧、创造力、艺术修养和审美情趣。

---

①西藏阿里地区农牧局：《西藏阿里土地资源》，北京：中国农业科技出版社，1991年，第34页。

一、阿里普兰社会沿革

远古时期，阿里普兰属"十二小邦"①之一的大小羊同即象雄管辖。据文献记载："古象雄时期阿里普兰为大小羊同之小羊同，境内有象雄60位地域，80位赤德的著名王都之一的'中心五城堡'和'四方四宗'。'马旁伯穆卡'或'格姜玉罗捐巴宗卡'，国王'李弥迦或池俄拉杰斯吉加如坚'；在象雄'不马尔让'不让达拉卡②有国王吉如坚等象雄国都城。赤瓦色吉甲如坚之王都位于冈底斯山前。崩炯结之国王称'吉如沃吉甲如坚'占领象雄布马尔让，驻锡达钦昂宗城堡。这是象雄十八代国王统治时期。"③7世纪中叶，吐蕃赞普松赞干布将其妹赛玛噶嫁给象雄王李迷嘉（亦写作李聂秀、李弥夏），同时又将象雄公主纳为王妃，在其妹的配合下内外夹攻，占领古象雄（大小羊同）。从此古象雄文明日趋衰落，最终走向灭亡。

9世纪中后期，吐蕃赞普达磨乌东赞的曾孙吉德·尼玛衮为避战乱逃至阿里普兰，受到阿里普兰当地头领札西赞④的礼遇，并将其女卓萨

---

①松赞干布建立吐蕃王朝之前，青藏高原上小邦林立。详见王尧、陈践译注：《敦煌本吐蕃历史文书》，北京：民族出版社，1992年，第173页。另见阿贵：《吐蕃小邦时代历史研究》，拉萨：西藏人民出版社，2015年，第52页。

②笔者的论文题目为《初探达拉卡遗址》，在2018年6月"首届中国西藏拉萨·阿里象雄文化国际学术研讨会"上汇报并收入论文集。

③普兰县地方志编委员会编：《普兰县志》，（内部资料）2010年，第410页。

④འབྲུག་གི་ལོ་སྟོན་ཟུར་བའི་ཚེམ་བཅུ་ལྔ་ལ་དགེ་བཤེས་བཀྲ་ཤིས་བཙན་གྱིས་པུ་ཧྲང་སུ་སྒྲུན་དང་། གྱི་བྱང་ཆུབ་ལ་ཕེབས། གཏེར་ཏེ་མེ་དང་མཚོ་མ་པང་ལ་གསལ་བསྒྲོ་ད་མཇོར་ཞིག་དགེ་བཤེས་བཀྲ་ཤིས་བཙན་འབོར། འདུག་གི་གི་པཉྟེ་དྲ་བྱགས་པ་རྒྱལ་མཚན། ཉི་མའི་རིགས་ཀྱི་རྒྱལ་རབས་དང་། ཟུར་བའི་རིགས་ཀྱི་རྒྱལ་རབས། བོད་སྲོང་མི་དབང་ དབའི་སྐུན་ཁང་། 2014ལོ། ༣146 དེ་བཞིན་ལྔ་སྒྲ་མ་ཡེ་ཤེས་བོད་ཀྱི་སྲོལ་ལོག་སྟོན་འཇིན་གྱི་བཀའ་བོད་ལ་པུ་ཧྲང་གི་རྒྱལ་པོ་ལྔ་སྒྲ་མས་བོད་ཀྱི་ སྲོལ་འ་བ་སྲམས་ལ་ཟེ་བས་ད་བཞིན་པ་གེ་ཤིན་པའི་ལྟ་སྤྱང་ན་ལྔ། མས་གདུང་རྒྱུད་དས་སྐལས་ད་ཊུལ་པུ་ཧྲང་གིང་དབང་དུ་ཁྲི་འདེན་མཐོང་བའི་རྒྱལ་པོལས་རྗེ་ཡིན་པ་ང་སྐུན་ན། ཧྲང་ཞེས་པའི་ས་མིང་ས྄ྟོང་རྒྱ་པར་ལོ་རྒྱལ་རྒྱལ་མཚན། པུ་ཧྲང་ཞེས་པའི་ཡུལ་ཤིན་ལ་ཆུང་ནས་དཔུང་པ། བོད་སྲོལ་སྲོལ་ཚེ་རིག་དེ་ལོ2016ལོའི་དེ་ན་བཞི་པ། ༣150-158ལ་གཟིགས།

阔琼嫁给吉德·尼玛衮，并举吉德·尼玛衮为王，成为阿里三围之王，他在普兰修建"辜卡尔尼松"（ཀུ་མཁར་ཉི་བཟུངས）①城堡②，如今遗址依然存于普兰县的仁贡乡噶东村。

尼玛衮据阿里之后，过去称为"象雄"③（羊同）的地方就统称为阿里，象雄一词后专指古格地区。而"阿里三围"④一词的出现，正反

---

①ཕྱུག་གི་ལོ་འགྲོ་མིང་དཀར་གྱིས། ཀུ་མཁར་ཉི་བཟུངས་ཕུལ་དུ་ཕུལ་བའི་ནི་མ་འཛིན་འཁོར་སྐྱོང་ཁབ་ཏུ་བཞེས་པ་དང་རིས་བསྒྱུར་གསུམ་ཚན་ལོག་ཏུ་བགྱིས་ཞིན་འཁོར་འདུག་གི་ནང་རྗེ་ཏ་གྲགས་པ་རྒྱལ་མཚན་ཉི་མའི་རིགས་ཀྱི་རྒྱལ་རབས་དང་བྲོ་བའི་རིགས་ཀྱི་རྒྱལ་རབས། བོད་སྐྱོབས་མི་དབང་དཔེ་སྐྲུན་ཁང་། 2014ལོ། ༡146

②"吉德尼玛贡一行最先来到狮泉河北岸的日拉地方。并在此养精蓄锐，逗留了一段时间，还在此建筑了日拉喀玛城堡。然而此地自然气候较为恶劣，一年四季天气奇寒，风沙较大，植被稀疏，是属纯牧地区。而来自气候温暖、水草丰美的农业地区的吉德尼玛衮却难以适应。尤其，此地过于远离也蕃本土，于是，他又不得不派大臣格西扎西赞等到各地寻找气候暖和、易于与吐蕃本土来往的地方。最终，他们找到了河谷深切、土壤肥沃、雨量适中、与普兰达拉卡城堡不远、孔雀河畔以北的噶尔东地方。不久吉德尼玛衮也亲自迁至此地，并择此地为长期居住点，安身立命。还在噶尔冻朗钦日山上筑起了阿里史上颇具划时代意义的辜卡尼松城堡，据传有九层，极其雄伟壮观。吉德尼玛衮成了统领阿里的国王，'辜卡尔尼松城堡'便是他的王府。"引自古格·次仁加布编著：《阿里史话》，拉萨：西藏人民出版社，2003年，第8页；黄博：《10—13世纪古格王国政治史研究》，北京：社会科学文献出版社，2021年，第60—62页。

③"象雄"一词在汉文古籍中称"羊同"，诸如在《通典》、《册府元龟》等古书记载："大羊同东接吐蕃，西接小羊同，北直于阗"。在《唐会要》载："大羊同东接吐蕃，西接小羊同，北直于阗东西千里，胜兵八九万，辫发毡裘畜牧业……其王姓姜葛，有四大臣分掌国事"。在藏文古籍《苯教源流精要》载："象雄之实际地域，上部与克什弥尔、锡克相接，北与霍尔、松巴相壤南致印度、尼泊尔"。《漫谈精粹》载:象雄分为上中下三个部分，上部为琼隆一带，中部为当日、达廓，下部为景叙六宗，也就是上部为以神山冈仁波齐峰和圣湖玛旁雍错为中心的地带，中部为藏北著名神山达廓当仁和圣湖当惹雍错为中心的辽阔牧场，下部为藏东著名神山景叙日翰泽珠为中心的山岭地带。《详部神山志》载：天宇之任命的世间象雄王，共十八位王，他们都戴有不同质地的禽翼状冠冕。

④珍贵的藏文古籍《拉喇嘛·益西沃传记》记载："菩提祖师拉喇嘛沃就出生在'阿里三围'：亚泽、普兰和古格中部。"另外，"吉德尼玛衮不仅有其极显赫的吐蕃赞普后裔之荣耀，而且他本人智勇双全，德高望重，很快受到当地百姓的拥戴和尊崇。并且，在此地政事等各方面打下了十分牢固的基础，也很快与老家有了联系。故而，其原来的两名忠臣按他们原先的许诺，把各自的女儿送往噶尔冻做为其妃子。于是，焦日列扎勒的女儿焦日氏先后生了个儿子，他们就是阿里历史上有名的"上部三贡"即长子拜吉日巴贡，次子扎西贡，幼子德祖贡。吉德·尼玛衮生前为了避免重蹈其祖先之覆辙，为了不使他的三个儿子争夺王位而自相残杀，便把阿里分成三个势力范围，让个儿子各掌其政。长子拜吉日巴贡统领南自芒玉、帮库那赞，东自日土、色卡廓、囊廓典角噶布、日瓦马布、弥杰帕彭雅德、朵普巴钦等地，北自色卡工布，西自卡奇拉泽加等范围；由次子扎西贡统

映了尼玛衮分封三子后形成的三个地方割据势力①。10世纪中叶，吐蕃后裔吉德·尼玛衮的次子扎西德贡继承父业，"次子廓日封为阿里普兰王。"②阿里普兰王所辖地区西至象泉河下游罗布旦角（今札达县曲松乡楚鲁松杰村），东到马泉河下游，南邻尼泊尔北部、印度喜玛偕尔邦北部。古格王益西沃迎请阿底峡的文献记载："三百个人和三百匹白马……还准备了'宣'舞等各种节目。"③可见，当时就有古老的"宣"舞表演的记载，古老的"宣切"应该也已出现，该服饰是在一些重大的节庆场合普兰人民所盛装的服饰。

第三代古格王把普兰纳入到古格王朝的管辖之下，到了古格的第五代王沃德赞时期，据记载："其大王子赞松封为普兰王，次子泽德封为古格王。"④是时，普兰又恢复为独立的地方小国。到了第七代古格王朝时期，普兰又被纳入到古格王朝之下，从此没有再单独称过王国。到14世纪末期，阿里普兰王室衰败，后为罗波门唐王（尼泊尔境内的王国）统治。由于罗波门唐王信奉萨迦教派，尤其与萨迦的俄尔派关系甚密，因此将普兰境内的科迦寺也改为萨迦俄尔派管辖的寺院，从此，科迦寺属萨迦俄尔派。

17世纪中叶，甘丹颇章地方政权时期⑤，因教派之争，拉达克王森格朗杰进犯古格，占据阿里普兰等地。五世达赖喇嘛和达赖汗派蒙古族

辖普兰、古格、亚泽等范围。由幼子德祖贡统辖桑噶古松、毕帝、毕曲等范围，至此阿里历史上第一次形成了三个较大的势力范围，藏族历史上有名的'阿里三围'亦由此而扬名。"详见古格·次仁加布编著：《阿里史话》，拉萨：西藏人民出版社，2003年，第12页。

　①周伟洲：《唐代吐蕃与近代西藏论稿》，北京：中国藏学出版社，2006年第3版，第152页。

　②冈日瓦·曲英多吉：《雪域西部阿里廓松早期史》（藏文），拉萨：西藏人民出版社，1996年，第46页。

　③同②，第54页。

　④同②，第55页。

　⑤罗布：《清初甘丹颇章政权权威象征体系的建构》，《中国藏学》，2013年第1期，第20页。

将领噶丹才旺率领以蒙古骑兵为主力的蒙藏联军，经过三年的鏖战，攻破拉达克国，终于收复古格，迫使其签订协议，拉达克所占领的古格、日土、普兰等地收归西藏地方政权管辖。1686年，蒙古将领噶丹才旺白桑布[①]在阿里建立噶本政府，设立包括普兰宗在内的“四宗六本”[②]。1788年（乾隆五十三年），尼泊尔以噶厦增加边界商贸税收为由，派兵侵占吉隆、聂拉木、宗喀、绒下和普兰等地，大肆抢劫。1792年（乾隆五十七年），清朝派兵收复所失领地。《西藏志》中记载：“颇罗鼐长子朱尔玛特策登驻防于‘阿里噶尔栋’（今阿里噶尔县）。1841年，道格拉王室森巴人派倭色尔为将，率森巴人、拉达克人和巴尔蒂斯坦人组成的联军，以朝拜神山圣湖为名，分三路侵入阿里。先后攻占日土、札达、噶尔雅沙、普兰，在普兰宗烧毁房屋100多间。清中央政府和西藏地方政府获悉后，派代本笔喜等率军赴阿里，经一年多战争，彻底消灭入侵之敌，收复阿里。”[③]在漫长的历史长河中，普兰汇处在阿里三围中其有

①东噶·洛桑赤列编纂：《东噶藏学大辞典》，北京：中国藏学出版社，2009年，第601-604页。

②“阿里地区有四宗六本，最高地方官员即噶尔本必须由地方政府委派，由于阿里地处边境，战略地位十分重要，所以其官员的品第相当高，为外台吉四品顶戴嘉奖后不久，甘丹才旺前往自己拼死搏斗、功成名就的阿里，当了阿里历史上的第一任噶尔本，‘噶尔’亦即军营。因为在拉藏战争期间，这里是甘丹才旺大将统率的蒙藏军队的驻扎营地，故得此名，当甘丹才旺大将再次返回阿里后,原军营驻地成为阿里地方政府的行政机构驻地，噶本便是这个地方级行政机构的首领名称，阿里历史上曾有过五十余名噶尔本，都由噶厦政府直接派遣，刚开始一次一名俗官，后来一次两名，一僧一俗。首府设在噶达克，是阿里的政治、经济、宗教和军事的中心。下属机构有四个宗(相当于县)，分别为普兰达瓦、杂布让、日土。有六个本，分别为曲木帝、朗如、邦巴佐措、萨让/盖齐。邦巴本又称邦巴罗强，其头领称噶伦，此官，相当于在改则的外四品官。‘宗本’是七品级的流官，直接从拉萨的甘丹颇章地方政府的一百七十五名僧官和一百七十五名俗官中委派，一般对政府立功不大者，派到边远偏僻地，带有一定的惩罚性。可‘本’一级的均系世袭官，是在此次战争中立功最多的当地人,他们都持有政府的令文(加盖历任达赖或摄政王私印的书面命令和指示)，有很多特权，带有一定的军官性质,在举行一年一度的噶尔恰钦盛会时，按战功大小排位就坐。诸如，佐措本，他当时立功最多，所以他的座次总是排在右排第一。”详见古格·次仁加布编著：《阿里史话》，拉萨：西藏人民出版社，2003年，第35-36页。另见，黄博：《四宗六本：甘丹颇章时期西藏阿里基层政权初探》，中国藏学，2016年第2期。

③普兰县地方志编委员会编：《普兰县志》，（内部资料）2010年，第411页。

极其重要的军事和政治地位，是各种先进文化的交汇处，普兰女性传统服饰作为普兰文化的重要组成部分，受到了其他文明的冲击，在延续古象雄和吐蕃服饰文化精髓同时，不断地吸收多元先进文化的养分，成为别具一格并蕴含先进文明元素的服饰文化现象。

二、普兰文化概况

服饰除了受气候和历史文化影响之外，还受到社会文化潜移默化地浸染。虽然普兰是中国西藏边境的一个小县城，但这里也是中国西藏与印度、克什米尔等国之间进行文化交流的重要场所，还是藏族远古宗教苯教盛行之地，更是佛教上路弘传必经之路。由于路途遥远、交通闭塞，受到外界影响有限，所以保留了很多传统的民俗文化。如今，这里成为了包括汉族、回族、维吾尔族，蒙古族等在内的多民族聚集交流之地，普兰境内呈现出了以藏族为主，各族多元文化共存的繁荣景象。由此可见，加强普兰女性服饰的研究对认识和了解中华民族多元一体文化特质的深刻悠久的历史提供了生动的实证。对于阿里服饰文化的挖掘和系统研究不仅在藏族服饰文化的源流、形态面貌呈现新的研究成果，更重要的是为认识和构建中华民族服饰文化系统提供了经典范示。

（一）社区宗教信仰

宗教对服饰的影响很深，尤其是藏族服饰更能体现这一点。在原始社会，藏族先民随着对自然、社会和自身认识的拓展，形成了具有特征的原始宗教——苯教。由于远古社会生产极为落后，人们对自然界所知甚少，对社会现象了解不深，对大自然的各种现象更是无法解释，于是认为有一种超自然的力量—"神"[①]在主宰着这一切，认为神控制着整

---

① "它是一个看得见、却不完整的影幕，或者是一个超越宇宙现实的透明的罩子。只有用宗教信仰的眼光才能看到；只有采取静默、强制的准则和复杂的宗教礼仪等手段才能控制它。"

个大自然，神给人类带来吉凶祸福，于是对神自然产生一种敬畏感，便向神献祭祈祷，以求免灾得福、祛病除邪、使人获得平安吉祥，也产生了最原始的宗教信仰、仪式和仪轨。在祭祀场合穿戴特定的祭祀

图2-2 普兰女性的"宣切"(冬装)拉巴欧珠 摄

服饰来取悦神灵，以求神灵的庇护，服饰在最原始的信仰面前拥有了最有效的功能即服饰的审美特性。

据说在普兰女性节日里"宣切"(སོན་ཆས)也是祭祀场合必穿的重要服饰（图2-2/3）。在原始苯教盛行之地，该服饰对苯教的发展也起到一定促进的作用。雍仲苯教与外来佛教的历史的融合中，苯佛相互吸收。经对普兰服饰文化本身和历史背景分析，发现普兰女性传统服

图2-3 普兰女性的"宣切"(夏装)拉巴欧珠 摄

引自（奥地利）勒内·德·内贝斯基·沃杰科维茨著，谢继胜译：《西藏的神灵和鬼怪》，拉萨：西藏人民出版社，1996年。

饰应当出现在前吐蕃的象雄时期，在不同民族文化交流与融合中自成一体，成为阿里服饰文化中一朵绽放的"雪莲花"。

据《阿里历史宝典》记载："苯教是包括普兰在内的古象雄本土产生的原始宗教。它的产生年代有好几种说法：有说距今3860多年前就有苯教和苯教经典；有说苯教诞生于公元前1300年左右；有说辛饶米沃切是释迦牟尼同时代的伟人；有说辛饶米沃沃是距今1805年前的人，也有说距今1801年前的人。很多史料记载，在辛饶米沃之前，为生者除灾捐福，为死者送葬安魂以及为人祛病除邪为主的原始苯教或巫教早已流传兴盛，并为人们所接受，但尚未形成系统的理论。辛饶米沃在已有的苯教基础上，改变了原有宗教仪轨中杀生祭祀等劣习，创建了雍仲苯教，其发展过程基本经历了多苯、洽苯和觉苯3个时期。"①直到吐蕃赞普止贡赞普灭苯之前称之为苯教"前弘期"②，此后的苯教一直是象雄王国唯一信仰的宗教，松赞干布统一青藏高原以后这里的人们开始信仰佛教，才形成了苯教与佛教并存的情况。9世纪吐蕃王朝全面崩溃，吉德·尼玛衮逃到阿里后建立上部阿里三围王国，阿里普兰境内佛教信仰逐渐兴盛，苯教势力逐渐削弱。后来修建托林寺、迎请阿底峡大师之后，佛教在全藏范围内再度兴起，而普兰是最先受到佛教后弘期影响之地，当时佛教吸收和纳入了很多苯教仪轨，因此祭祀服饰得以继续保存和流传，且服饰上多了象征佛教的护身"嘎乌"③和吉祥图案，使该服

①阿里政治协商委员会编著：《阿里历史宝》（藏文），拉萨：西藏人民出版社，1996年。
②克珠群佩：《西藏佛教史》，北京：宗教文化出版社，2009年。
③ "嘎乌"是藏族的一种佩饰，它的第一功能是对服饰和人物形象的修饰。第二功能是藏族人相信它里面所放的佛像和经文等神物，有助于辟邪和除灾。第三功能它的实用性主要是由其内置物所决定，因为里面存放了一些实用性的物质，使之有了某种实用的功能。详见增太加：《浅析藏族佩饰"嘎乌"的造型及文化功能》，引自罗桑开珠、周毛卡主编：《红珊瑚与绿松石——藏族服饰论文集》，北京：中国藏学出版社，2016年，第322-323页。

饰也深深地烙下了佛教文化的印迹。

（二）普兰民居

由于普兰地所处自然环境的气候特征、地貌地形、物产资源等与西藏其他地方存在较大差异，有着独特的生态关系、生产方式和生活习惯，故此当地人对服饰的要求、制作、质料及图色的选取，与西藏民居①有着独特的关联，因此形成了地域风格不同的普兰女性传统服饰。此外，生活在海拔4500米左右的阿里普兰人们的服饰的基本结构是大襟、长袖、质料多为毛、皮、毡等，与适应高原人们居住的环境条件息息相关。

普兰传统民居建筑及其形成的村落形态遵从自然地理环境，或沿河道分布，呈山麓河畔型；或依山而建，呈山腰缓坡型。以科迦村为例，整个村落围绕耕地成一块状和一条带状分布。建筑材料来源于附近就地取材，经过简单的人工加工，与自然环境保持统一质感。民居建筑采用同一种平面布局形式，体量、层高、结构构造较为接近。具体细节方面的色彩和装饰则取决于各户的经济实力。在村落民居每幢建筑距离孔雀河河岸远近不一，院落进深大小疏有不同，布局形态参差错落；开窗规模有别，室内装饰繁简各异。

普兰民居室内的空间布局大致可分为底层：院落、储藏间、牲畜舍；上层：佛堂、居室、厨房、卫生间等。这类民居最大的特点是人畜共居，这是因为牲畜就是人们赖以生存的重要生产资料，天寒地冻的环境之下，他们不得不和牲畜居住在一起，对牲畜加以严密的看管。这种人畜共居的生活状况，和两千多年前的汉代冥器中所见的当时汉人生活状态极相类似。穷苦的家庭厨房和卧室是合二为一的，甚至佛堂也设在

---

①木雅·曲吉建才编：《西藏民居》，北京：中国建筑工业出版社，2009年，第154页。

此间屋内。一般人家里没有炕和床，也没有被褥等卧具，就直接躺在地板上睡觉。天冷时在地面上铺一种絮着獐子毛的牛皮垫子，条件稍好的家庭才拥有矮床。由于此民居经久未用，室内陈设部分缺失，民居建筑室内现存的只剩下梁柱、天花和壁画。从室内现状可以推测房屋东北位置为佛堂，佛堂内梁两根柱间，多施以彩画，少数几根柱子因年代久远已经腐蚀损毁，以新的无装饰托木替代，天花板为红色或黄色纺织物吊顶。佛教主题的壁画绘于佛堂四壁，内容为高僧说法图、山间修行图、护法金刚图及菩萨像等，科迦村这六幢传统民居内的宗教壁画均已被认定为国家非物质文化遗产[①]。从壁画中高僧的穿着及色彩上来看，高僧头戴的帽子和僧衣都为降红色，而其样式与萨迦派僧帽样式较为一致。根据建筑资料，研究者者推测：根据木雕形象的形体特征判断其来源为尼泊尔风格[②]。由此可见，这些民居中精美的宗教壁画印证了藏族民众全民信教的事实，更反映出宗教活动早已深入到每家每户的日常生活之中，体现了藏族民众纯净的世界观和虔诚的宗教观。此外，当地的民居通常有围墙，这与环喜马拉雅一带的民居大同小异。比如，拉达克民居围墙的内部包括房屋和一些由有水槽的低矮的石墙分隔的牛棚。房屋一般有两层，第一层主要用于饲养牲畜，包括牦牛和奶牛，以及绵羊和山羊，有单独的人口。厕所也布置在一层，厕所下有凹槽，可以将人畜的粪便排入田野中。二层是家庭生活空间，它通过单独的楼梯和地面连接，同时也可以从内部到达一层的饲养动物区。在一层最重要的生活空间就是厨房，一般会有木质的碗柜，装满了古老而传统的餐具，这些物

---

①袁华斌、宗晓萌：《浅谈西藏西部普兰传统民居建筑—以科迦村居民为例》，《华中建筑》，2016年第11期。

②李俊：《西藏阿里地区普兰县科迦寺祖拉康木雕》，《西藏研究》，2015年第2期。

品一代又一代地传了下来。①

（三）普兰地方民风民俗

服饰是静态民俗，它与各种鲜活的民俗结合起来才变得生动，具有动态之美。普兰女性传统节日"宣切"主要在婚庆和节日之中穿戴。那么展示这个远古服饰的特定节日有哪些呢？

1.节日民俗

服饰作为社会的产物，最能衬托节庆的气氛。作为人类文明的外在表现，给节日增添喜庆色彩。同时，节日也为服饰提供了展现美丽的舞台，为服饰的延续和发展提供了不可或缺的生存环境，是服饰生长的肥沃土壤。由于节庆的需求，服饰能够得以完整地保存和发展。为了显示自家的身份、地位、权力、富人挖空心思地增加服饰内容，试图以装饰昂贵的金银珠宝来彰显自身地位，于是很多人用大量金钱购买各种珠宝，制作各种配饰佩戴在身上。有的甚至以世世代代积累的财富来换取珍贵的装饰品。当人们拥有一套价值连城的服饰时就向大家展示服饰来体现自身价值。然而平时很难炫耀出去，人们专门选择聚集众多人群的节日作为炫耀的时间节点。节日里大家都穿戴"宣切"，久而久之服饰成为了节庆的重要标志，服饰和节日结下了密不可分的关系。富丽堂皇的服饰成了节庆最亮眼的一道风景线。在普兰重大节庆活动中，古老的服饰扮演着重要角色。与传统藏历新年不同，"普兰的新年"②是藏历十一月一日，当地民间普遍相传，"诺桑法王时期，巫师哈日那布与宫

---

①汪水平、庞一村、王锡惠编著：《拉达克城市与建筑》，南京：东南大学出版社，2017年，第48页。

②笔者通过深入实地民间采访并向天文历算专家咨询了普兰新年相关的习俗与普兰女性服饰的穿戴文化。详见伍金加参：《略谈阿里普兰新年民俗中的传统服饰》，《西藏艺术研究》（藏文），2011年第2期。

中两千五百位妃子因十分嫉妒意卓拉姆，想方设法想除去意卓拉姆，而有巫师作法进入国王的梦境中，国王梦中见到战况紧急，所以急忙派诺桑法王提前出征北方。为送别诺桑法王，普兰地区的老百姓将新年提前到藏历十一月一日过，普兰农区新年由此而来。"①

从前，村落里家庭很富裕的女性穿戴普兰女性服饰"宣切"，在夏佩林寺庙所坐落的山脚下的一块平地上，即今有数百年历史的国际市场，普兰妇女们为甘丹颇章政府所派遣的"宗本"和当地官员们表演古老的"宣舞"。据说这种跳舞的仪式是需要给原西藏地方政府交差税的内容之一，并且每年都要必须表演此传统节目。跳舞的女性大都来自普兰多油村、吉让村和赤德村②。藏历二月十日是祭祀土地神的节日。这天，人们带着酥油、糌粑、青稞酒和哈达等贡品，来到土地神像前烧香、磕头、敬献贡品，再挂上新的经幡和彩条。这种信奉土地神的习俗可能来源于苯教，当地普兰人称之为"嘎达糌粑"（ དཀར་རྒྱགས་ཚལ་པ），即春播节的意思。每年藏历三、四月份，冰雪消融，大地复苏，冻了一个冬天的土地已上好了底肥，就在开犁下种之前，村民们要举行一个既庄重又热闹的仪式。这个节日一般由村干部主持，实际上也是春播前的一次思想动员，村干部向大家传达上级的指示，要求大家鼓足干劲，保质保量地把春播搞好。另外还要举行一些民俗活动，祈求土地神的祝福，然后代表性地牵来几头犁地的耕牛，给牛身上挂红花，犄角上挂缨穗，属相相配的男女精心打扮，并把头酒及切玛洒在牛身上，以表示春播一帆风顺，秋后定丰收。仪式结束后象征性下犁，村民们便聚在一起

①田野访谈资料。2016年9月6日上午，在阿里普兰县普兰镇科迦寺访谈加央土旦（男，藏族，72岁，僧人）。

②田野访谈资料。2016年9月18日下午，在阿里普兰县普兰镇赤德组访谈边巴桑布（男，藏族，70岁，农民）

载歌载舞。

每年藏历一月十三至十五在寺庙举行的大法会，即"科迦南冬节"（འབོར་ཆགས་ནམ་མཐོང་）①，藏语意为祈愿何时相拜的意思。在这传统的宗教节日里先要跳"羌舞"（འཆམ），之后就是科迦寺周围村庄里最富有的七户人家，也就是拥有祖传下来的整套传统服饰"宣"，并能够穿戴起来跳古老的"宣舞"。据说："只有能够穿戴起传统普兰女性服饰套装的才有资格跳'宣舞'。伴随敲打'搭阿'（ཊ་ཨ）鼓声和'苏呐'（སུར་ཇ）吹鸣声，将近要跳半个钟头左右的'宣舞'"②。此外，普兰科迦寺有一年一度表演的金刚法舞，即传统的宗教舞蹈。表面看是典型的宗教舞蹈，但骨子里是仍保留有原始土风特点的民俗舞蹈。舞蹈内容表现的既是当时人们对宗教虔诚的信仰，更是宗教教化这一方百姓的最佳方式。缓慢的节奏、凝重的神情、深刻的内容、欢快的场面，实质上是永久的记忆传承。每当跳神节目短暂休息的时间里，盛装的妇女男子成排唱起古老的宣歌谣，跳起古老的宣舞蹈，歌声萦绕广场上空，舞步优哉游哉，把信众们从宗教跳神的氛围中带回到祖先传承下来的歌舞之中③。当地很多年轻人就是在这种大环境下学会古老的歌舞，继续着他们生生不息的文化传承之路。

---

①藏语（ནས་མཐོང་།）的音译，意思是何时能够祭拜的寓意。据说是当地人在藏历一月十二那天可以观赏金刚法舞和宣等表演活动，因此，这一天就成为百姓们众所期待的那么一天，所以该节日的名称有着深厚的寓意。

古格·次仁加布、克黎斯坦·雅虎达和克黎斯坦·卡兰特利等：《科迦寺文史大观》，拉萨：西藏藏文古籍出版社，2012年，第37页。

②田野访谈资料。2017年9月7日中午，在阿里普兰县普兰镇科加寺访谈加央罗桑（男，藏族，43岁，僧人）

③周文强、子荷：《普兰歌舞：千年传承的魅力》，引自陈丹青、张青主编：《阿里：旷野神话》，北京：中国藏学出版社，2022年，第251页。

望果节在普兰通常称之为"曲木果"① (ཆོས་ཀྱུ་བསྐོར)，相当于卫藏的"旺果节"，是农区一年中较隆重的节日。一般在藏历4月底至5月中旬进行。是时，人们辛勤一年的劳动果实即将收获，老百姓要搞一次大的祭神活动，以求神灵保佑。全村的男女都先聚集在寺院前，僧人从寺里取出经书放在手上，还要在寺里拿下几幅精美的唐卡，由身强力壮的小伙子举至头顶，全村的人列队先是围绕寺院转三圈，然后敲锣打鼓地列队游走在村里的庄稼地里，每到一块休息之地，驱雹师都要用五彩幡比划一番，表示此地已驱走了冰雹。转地的人还各在自家的地里采一束青稞苗回家，挂于自家的门框上或供在饰品佛龛上，象征带回了青稞的灵魂，即收回粮食已有了保证。转完庄稼地，选择有水有草的地方，摆上酒、肉和茶类，边品尝边进行歌舞表演，整个活动在欢快祥和的气氛中结束。

普兰地域特色节日中有一种叫"堆羌" (འདུས་ཆང) 节的，"堆" (འདུས) 意为聚集，"羌" (ཆང) 则为青稞酒，合意为一起聚会畅饮青稞酒的含义。也有称之为"兑羌"节②：此节日分布在普兰县的农区，主要有仁贡、多油、吉让、赤德、西德、科迦六个乡村。村民们迄今保留沿袭着过"堆羌"节的习俗。过"堆羌"也就是父老乡亲们一年一度在约定的地方、喝酒唱歌跳舞的日子，是农人在春耕前最重要的传统节日。

"普堆羌" (ཕུའི་འདུས་ཆང)，"普"意为男子，"堆"也如上所述指聚集，按照原文是指男人们相聚饮酒的意思，即俗称的男人节。虽然该节日的历史渊源难以考证，但以当前民间流传的情况而言，至少有数

①旺宗、格朗：《藏族望果节的文化要素及其功能探析》，《西藏大学学报》，2015年第4期。
②周文强、子荷：《普兰歌舞：千年传承的魅力》，引自陈丹青、张青主编：《阿里：旷野神话》，北京：中国藏学出版社，2022年，第242页。

百年的历史，相关研究也较多①。人们唱歌跳舞，狂欢娱乐，在春耕前最后休闲的节日，共同享受美好时光，节后，春耕活动就正式开始了。

2.婚俗

普兰女性节日"宣切"最初是新娘装（图2-4）。据说："普兰女性传统节日'宣切'俗称'帕切'（ བག་ཆས ），意为嫁妆，这一套服饰都是新郎家准备。如果男方不娶或这一家没有男孩，就必须传给自家的女儿，穿戴者被称为'曲拉'（ འཚོལ་མ ），意为漂亮善良。通常在婚礼上穿戴此服饰时非常讲究穿法，穿每件衣服都有相应的赞美民歌。"②此地虽然偏远，但存在不少奇特的婚姻习俗。相关传统婚礼歌曲在民间已成体系，不断地以手抄本的形式流传在当地民间，通过当地文人和相关部门抢救非物质文化遗产的项目，已收集整理并出版了四本著作③。普

图2-4 普兰传统婚礼
（来源阿里政协婚礼书 米玛次仁摄）

①任赟娟：《一个藏族村落"男人节"的多层社会记忆—普兰县科迦村节庆"普堆羌"的传统及其变迁》，《中国藏学》2018年第1期，第98页。

②田野访谈资料。2016年9月6日中午，在阿里普兰县普兰镇科迦寺访谈加央土旦（男，藏族，72岁，僧人）。

③古格·次仁加布编著：《阿里普兰婚俗婚歌集》（藏文），北京：民族出版社，2012年，第11页。

阿里地区文化广播电视局编：《象雄遗风》（藏文），拉萨：西藏人民出版社，1995年第2版，第246页。

沙诺瓦·才旺主编：《绝世妙音·心灵盛宴：普兰县多油村民间歌舞集锦》，拉萨：西藏藏

兰地方成年男女双方从相识相知到坠入爱河、同居生儿育女后，就会被村民认可。凡是被村民认可的青年男女，按照约定成俗的习惯，大多数家庭会采取男女双方各居其家，生育的儿女均由女方家抚养，继续保持着原始母系社会遗留的生产生活方式。普兰历史悠久的婚礼歌舞在藏地久负盛名，是特有的民间歌舞品种，是高原之巅西藏民俗文化艺术中的瑰宝。婚礼中的歌谣、舞蹈、诵读的仪式化表演展示，有问必有答，音调冗长繁复。正规的歌词前后包括十三大段，有18组数十小段吉祥插曲，普兰百姓把他们平凡生产生活中的许多文化元素融入其中[①]。所有的仪式仪轨都源自日常生产生活展露出的思想感情劳作技艺，一招一式，一问一答，极具表演性质。在婚礼上的许多歌词里，有关的称谓、问答、仪式，例如祛除邪气，祈求吉祥，招纳福运，饱含着古老原始的民风习俗，保留着原始的苯教文化色彩。歌谣舞蹈丰富了村民们的业余精神生活，拉近了人与人的距离，联终了他们之间的感情，延续着乡间传承千年的古风婚俗文化，保留着千百年来约定俗成的乡规民约。村落的乡民自祖祖辈辈起传承给子子孙孙，日复一日、月复一月、年复一年传承着部落民族的过去现在和未来。

（1）站门口

这种方式藏语称作"雪居巴"（ཞལ་གཅེད་པ）。秋收之后的农闲之际，男方舅舅为自家外甥找媳妇，便跑到附近村庄，如觉得某家姑娘很符合卜卦，就选择一个清晨，和男孩父亲一起，穿上新衣服，拿上哈

文古籍出版社，2016年，第63-64页；

政协普兰县委员会、科迦寺委会收集整理，江白主编：《科迦民歌荟萃》，拉萨：西藏人民出版社，2021年，第68页。

① 周文强、子荷：《普兰歌舞：千年传承的魅力》，引自陈丹青、张青主编：《阿里：旷野神话》，北京：中国藏学出版社，2022年，第250页。

达，带着青稞酒和酥油，在姑娘家大门上挂上哈达，门楣上粘三垛酥油，再点上三柱香，然后找一空地摆上酒壶和酒碗，站着等女方家人醒来。当女方家人醒来和往常一样去开门时，外边就响起了悦耳的歌声，女方家人听到歌声，就要到门外探个究竟。等女方家人一出门，门外求亲者立即迎上前去，敬青稞酒，献哈达，以表诚意。到了吃饭时间，求亲人要轮流回家，或者由家里的人送来饭食，总之必须有人站在女方家门口，擅自离开被认为是心意不诚。若是站到三天以后女方家的人还没有动静，但女方也没有表示反对，这时男方就得增派人员，把门口的声势搞得很大，让四邻八舍都听得见、看得见。女方家招架不住了，就会出来说："我家大女儿长得丑，二女儿不爱劳动，三女儿还年幼，配不上你家的儿子。"站门口的人回答："是乌鸦还是孔雀，我们心里很清楚，我们既然来了，就要抓只鸟回家，你们家的姑娘我们要定了。"站的时间越长，姑娘家人又不反对，就说明希望越大。如果女方看不上男方，女方一定要看好自家门，不要让男方把哈达挂在门上，不要让男方把酥油点到门楣上。如果女方猜到男方站门口，女方家的人就早早地堵在门口，并说："家里除了灶神，一个人都没有了，全家人都到农田上去了"。也有的说："我家有闺女，但是她要出家当尼姑。"这样来站门口的人会觉得婚事难成，也只好收兵回去了。双方通过站门口方式达成协议以后，就到寺庙里去合一下生辰，有的在站门口之前，生辰已合过，合了生辰后选择良辰吉日，但一般不举行大的庆祝活动，只是小伙子到女方家小住几天就算完婚。

（2）"打狗"（ཁྱི་རྡུང）的恋爱

近几年不存在抢婚、站门口等求婚形式，大部分年轻人接受自由恋爱。正如西藏著名作家加央西热先生在《西藏最后的驮队》中所说："

在西藏有一条人人皆知的隐语'打狗'。有人撰文称'打狗的恋爱方式'。无法考证'打狗'一词的出处，文献中没有记载，只是在民间流传着这种隐语，意思是指男女夜间幽会。"①可见男方献了殷勤，可姑娘的态度总不明朗，让小伙子无所适从，这时小伙子就会抓住机遇，果断地发起进攻。当夜幕降临，小伙子便骑上马朝着姑娘家的房子或帐篷飞奔而来，因草原地广人稀，有时候小伙子要跑几十里路，为了对付姑娘家牧羊犬，小伙子总要准备一些肉或酥油，一旦接近姑娘家的帐篷，他就赶紧塞给牧羊犬一块肉或是一垛酥油，然后再轻轻地摸到姑娘家的帐篷前，故称"打狗"。姑娘一般睡在帐篷门口，有时睡在羊圈里，姑娘见到小伙子以后，如果不同意就裹紧皮袍，同意则一起过夜，随后选吉日结婚。自由恋爱方式很多，大多与城镇居民的婚俗相似。据笔者实地调研显示，这种恋爱方式在阿里普兰农牧区普遍存在。

（3）走婚

不管是站门口还是自由恋爱，只要双方家庭认可，办完手续，就算正式结婚了。结婚以后，男女分居各自家，过夜由女方家腾出一间房，天亮便回去。男女双方即使同村或邻居，男子每天忙完自家活儿，吃过晚饭就住到女方家。孩子和爸爸可以朝夕相处，放学两家都可以回。但如果夫妻双方隔得很远，加上山区交通不便，一般都靠骑马或步行，为夫妻生活增添了许多难度。据说，出现走婚现象与分家有一定关系，在普兰分家被看成是一件不光彩的事情。为了巩固家庭的稳定，保障自家财产不外流，最好的办法是让男女双方住在各自家里。但是，到了非分不可的时候还得分，或者走婚感到很累时干脆不走了，走婚的现象在农村比较普遍。普兰存在的独特婚姻形式和这里的历史发展有关系。

①加央西热：《西藏最后的驮队》，北京：北京十月文艺出版社，2003年，第214页。

（三）普兰民间歌舞

无生命的服饰穿在有生命的人身上，服饰就有了生命气息。而给服饰增添鲜活生命和无限动态感的还有一个个古老而美丽的民间歌舞。普兰传统文化作为古代象雄文明的重要组成部分，这里依然流传着很多古老的民间歌舞，甚至有些传到西藏腹心之地，成为流行的歌舞，如"卡尔舞"（གར）（图2-5）。在普兰民间流传有18种不同舞步的卡尔舞。卡尔舞是舞者根据鼓手敲击的鼓点（བརྡ་ཆ）和"苏纳"（སུར་ཆ）师吹奏的音乐表演的舞蹈。西藏音乐研究者更堆培杰先生认为："供云卡尔音乐种类有'卡尔鲁'（གར་གླུ Gar lu），是一种速度缓慢、旋律优美的卡尔歌曲，'卡尔'（གར　Gar），是一种即华丽又典雅的欧舞音乐，迎送鼓乐及轻奏乐是一种即隆重又平和的器乐音乐。卡尔舞有剑舞、男舞、女舞，另外还有孔雀舞和人熊舞等，这些舞蹈音乐均由'苏纳'和'雄林'竖笛、'打玛'鼓等乐器来演奏。舞蹈音乐有很多旋律装饰，节奏较自由而呈散板。舞曲音乐在两鼓一组。"[1]跳卡尔舞之际，村里的男士们身着绸缎藏袍服饰，头戴"措夏"（ཚོགས་ཞ）"伯朵"（འབོག་ཐོ）"江达"（ལྕགས་མདའ）帽子，披挂"布惹岭当"（འབུ་རས་ལིང་ཐང་）[2]，舞者将其斜挂肩部，双手左右拉拽"布惹岭当"的两端，缓缓举起双臂，忽上忽下，轻轻抬足慢踏，一招一式，有板有眼，沉稳笃实，一气呵成。

---

①更堆培杰：《西藏宫廷卡尔音乐概述》，《西藏大学学报》，2003年第6期，第42页。

②一种印度或尼泊尔、不丹生产的红白相间的布织品。笔者2017年在普兰县国际边贸市场购买过一条，价格为800元人民币，售货人为尼泊尔籍的藏族人，当地人称他们"黎米"人。

图2-5 普兰"噶尔（གར）"舞 （才旺多杰摄）

相传约公元前5世纪以前，象雄民间曲艺"仲"（འབྲུང）舞①（图2-6）是阿里普兰地方特有的古人模仿野牦牛的性格、体态、行为、动作，表演的一种古老舞蹈，广泛流行于普兰农村，较为完整地展示出野牦牛生性好斗、顽皮勇猛的特点。每当雄性野牦牛②角力争斗时，就会昂头扬土，把挑起的土恶狠狠地抛很高，意图显示自己强健的身体、好斗的性格、持久的力量，挑逗对手，追逐对手，最终战胜对手，争夺群体绝对的领导权，取得与雌性野牦牛的交配权。仲舞表演者手持普然铃铛，头顶青稞酒壶，给尊贵的客人敬献青稞酒，表演长达一个小时，在年节完美精彩地演绎。据说普兰赤德村落是仲舞的发源地，在重要节日、贵客临门、婚礼仪式、堆谐、喜庆日子为寺庙僧人、贵族头人、官员和来往的贵客表演，表达驱邪迎祥。乐器为苏纳、达玛鼓，舞者踩踏

---

①意为即野牦牛舞，现已入选西藏自治区级非物质文化遗产名录。

②雄性野牛昂头挺胸，傲视挑战者，顶角而立，犄角相持，站定脚跟，与对手斗智斗勇斗狠，不屈不挠，坚决前进，绝不后退，一副志在必得、不打败对手决不收兵的王者架势。

鼓点变换动作，快慢有序，手执普热铃铛，前进、转身、边城普兰后退，展示雄性野牛争夺王者的斗牛特点。仲舞表演者一般是世袭家传的，轻易不传外人。"仲舞"通常的表演者三人、五人、七人不等，有两名鼓手和两名"苏纳"吹奏师。"仲舞"表演是舞者给贵客敬青稞酒的一种敬酒舞。此舞没有歌词，舞者遵循鼓点节奏应声起舞，并

图2-6普兰"仲（འབྲོང་）"舞 （拉巴欧珠摄）

做出不同的肢体动作，对客人表示最崇高的敬礼，最后舞者将酒壶放置头顶部，依鼓点旋律蛇形前进蹲伏到贵客前，给贵客的酒碗斟满酒，贵客能享受到普兰最好的敬酒方式，豪爽地喝干碗中的美酒，至此节目表演达到高潮。

如今普兰地区歌舞以地域特色的"锅庄舞"（སྒོར་གཞས）为主，并存有羌姆、宣歌舞表演形式等，其中"锅庄舞"是一种载歌载舞的民族舞蹈，舞姿婀娜，活泼洒脱，情绪热烈，气势粗旷，表现了藏族人民豪迈、刚强、坚毅的性格特点。喜庆佳节、婚嫁吉日，数人围坐成圈，舞者入圈内，手端精制木碗或瓷龙碗，臂搭洁白哈达，边唱边舞，热闹非

凡。"果谐"通常是由长者领跳的。待"果谐"舞跳到高潮时，孔雀舞者就翩翩出场。村组的领舞者模仿孔雀的肢体动作，摆动双臂，时而两手叉腰，时而双手向后翻转，呈飞翔状，挪足转身，做出各种孔雀的肢体动作，优雅表演经典的孔雀舞。舞者缓缓地弯曲柔软的身子，低头口含酒杯，呈喝水状，口衔置放地面的酒杯，直立身子，把杯中的美酒仰头喝干，再弯曲柔软的身子，把口中衔着的酒杯轻轻地放回原处，缓缓直立身体，继续摇摆着舞蹈，退回"果谐"圈子，表明她的腰肢柔软，技能出众，演技高超，赢得众人喝彩。其中"玛结霞卓"（ཪ་བྱིའི་ཞབས་བྲོ）（孔雀舞），发源于阿里普兰县，如今流传于普兰县和狮泉河地区。

"宣"舞发源并流传于札达县和普兰县，是一种古老的民间舞蹈。结婚和接送贵宾时也跳"宣"舞（图2-7），表示喜庆的舞蹈队形呈圆圈、斜线、龙摆尾，有伴唱和鼓点，主要听敲鼓的节奏，跳时舞者彩绸缠在膀子上，两头用手抓住，其步伐有"前走两步"，"后撤一步"，"双脚蹲起步"等，要求步伐稳而轻。"宣"舞服饰风格独特，舞步庄重典雅，尤其是"龙摆尾"龙腾飞舞，场面壮观。宣舞还由男女舞者搭配舞蹈，女舞者身着宣切服饰，男舞者身着绸缎咖啡色氆氇藏袍服饰，鼓手依据男女舞者所唱的歌曲内容敲打鼓点，舞者按照鼓点的轻重缓急轻快舞蹈。流传至今的宣舞已有十九种[①]。这些民间歌舞一直在广袤的阿里普兰高原盛行，传承着优秀的民族传统文化。

①田野访谈资料。2022年8月26日中午，在阿里普兰县多油乡赤贡村访谈才旺（男，藏族，64岁，传承与保护文化工作退休干部）。才旺先生通过一位年迈的跳宣舞的当地老阿妈了解到："传统上普兰妇女主要是在盛大的节庆上身着盛装，同时佩戴适合跳起'宣'舞场合的配饰。据当地老人讲述，宣舞一般围绕右旋转，嘎列穿戴在右肩上，宣的种类有19种，所有跳舞者都是新婚嫁来的女子，因此这种普兰传统妇女盛装具有'宣切'或'帕切'之称，而从来没有外来学者认为的'飞天服饰'或孔雀服饰之类的说法。"

图2-7 普兰传统宣舞（来源：阿里政协婚礼书 米玛次仁摄）

　　总之，服饰是众多民俗文化的集合体，历史、宗教、婚姻、节日和歌舞都是服饰文化滋生和发展的肥沃土壤，为无生命的服饰提供了深厚的文化背景积淀了很深的文化底蕴。在研究普兰女性传统服饰文化时，把握服饰的穿着方式和习惯，发现配饰等民俗文化的系统性和历史文脉非常重要。民族服饰的研究强调纵横思考的物质与事项关联性的发展脉络，联系到穿着的场合、目的和对象，通过服饰和相关知识建立以服饰文化为特征的普兰女性传统服饰体系。普兰服饰的男女着装差异明显，但都形成了严谨的配套样貌，在特定的场合中男女着装有着严格的搭配准则，女装更加强烈，表现出社会女性传统的遗存，形成了对普兰女性传统服饰形制、分类和工艺进行整理和分析，探索普兰服饰文化构成的历史和文化基础。

本章小结

首先，从自然环境而言，普兰所处的独特地理环境、气候特征和农牧分布等自然因素，有着不同于其他地区的生态文明体系，生产方式和生活习俗，普兰女性对衣着穿戴的要求、分类、形制、材质及图色的择取，自然而然地适合当地的自然环境，由此形成了别具特色的普兰女性的传统服饰文化。

其次，早在象雄及其前吐蕃时期，西藏阿里普兰女性的传统服饰与西藏中心地带的贵族妇女服饰存在着某些关联和相似性。到古格王朝时期，地方文化艺术的发展并非是受到西藏中心地区唯一渠道的影响，须考虑来本土及环喜马拉雅文化圈一带多文化因素影响的可能性。

在叙述普兰女性传统服饰文化的历史沿革时，应考虑到阿里普兰各个历史时期都是多元文化的交流和融合之地，普兰女性传统服饰重要组成部分的历史与文化，也随着整个社会历史的发展受到冲击。在延续地方独特服饰风格的同时，不断吸收和充实其它区域服饰文化的养分，形成一种具有西藏普兰地方特色的女性传统服饰。

第三章 普兰女性传统服饰分类和制作工艺

服饰是穿在身上的历史。一个民族的服饰，是这个民族物质与精神文化的重要标志，它所反映的民族文化是多层次多方面的。"目前正值我国进行文化大建设、大发展的盛世，对藏族服饰文化进行研究十分必要，通过它可以了解藏族社会历史、文化特性及审美观念。尤其是很有必要通过藏族服饰文化内涵的研究，阐释藏族服饰色彩、图案及装饰的象征意义。"①服饰文物研究者认为，藏族有古老文化传统，手工艺品中金属工艺和毛纺织物，千年前唐代即已出名②。笔者选择通过梳理普兰女性传统服饰的历史背景，考察相关历史传说、地名等，阐释孔雀河谷所特有的妇女传统服饰文化，即是秉承这一理念。

不同的地域环境，根据气候、季节差异，加之社会地位在社会文化需求不一，材质不同等对服饰有不同的分类方法。这里主要在不同季节和不同文化背景之下，对普兰女性传统服饰进行分类，以便下一步更深入地分析研究。顺便介绍普兰独特的"裏"（གོས）藏袍料子和"廷玛"（ཐིག་མ）帽子的制作工艺流程。

---

① 罗桑开珠、周毛卡：《红珊瑚与绿松石—藏族服饰论文集》，北京：中国藏学出版社，2016年，第3页。

②沈从文编著：《中国古代服饰研究》，北京：商务印书馆，2015年，第703页。

第一节 普兰女性传统服饰的分类

服饰在不同的区域由于气候、人文和地理等因素的影响、历史背景与传统习惯，以及生产生活方式的不同，产生了不同的服饰种类。目前尚未有学者对普兰女性传统服饰进行种类划分。服饰所特有的区域分类方法是多种形式合成。比如不同季节，不同质地，不同职业以及不同的场合等。阿里文化研究者在相关著述中描述："女式藏袍，分有袖的和无袖的两种，夏秋两季的藏袍无袖，里面多衬有红、绿等色彩鲜艳的衬衣，衬衣为翻领，衣袖比胳膊长一至两倍，长出部分，平时卷起，舞蹈时放下，舒展飘逸，潇洒自如。"①笔者把普兰女性传统服饰按日常服饰和节庆服饰根据不同季节进行分类和归纳如下：

一、日常服饰

头戴十字氆氇制造的"廷玛"②帽子，身穿右衽无袖藏袍。从传统意义上来讲，阿里普兰女性平时不穿无袖藏袍，不围邦典，穿长袖藏袍，内穿藏式衬衣，藏袍外还套上羊皮披风。从配饰来看，普兰女性平时也喜欢佩戴珠宝项链③，只是数量比较少，脖子上佩戴一圈两圈的珊瑚和绿松石以及猫眼石等串起来的项链。最独特的是她们的耳坠，一般

---

①杨年华、尼玛达娃：《西藏阿里文化源流》，昆明：云南美术出版社，2011年，第403页。

②一种普兰女性穿戴的独特帽子，主要为日常生活中穿戴。材质为十字形画纹的氆氇所制造。

③女人的衣服比较朴实，但很得体。她们的帽子是用又轻又薄的树木做的，里面很光泽，外面嵌有一排排的小珠，顶部用金子装，上面嵌了一些彩石。她们戴的耳饰有珊瑚的，珍珠的，也有彩玉的。她们也戴项链。在祷告的时候，她们通常使用黄木制做的念珠，此外也有珊瑚念珠，又大又重的黄琥珀念珠，珍珠或者用各种颜色的玉石制做的念珠。老年妇女戴的帽子，上面没有金子做装饰，但是在她们的眉毛上面，有一个椭圆的金圈(像冠状头饰)，里面有翡翠、青金石或者绿松石的装饰品。她们的羊毛裙子有红黑两种，上面有许多皱褶。她们的裙子和没有袖口的衬衫相连，衬衫外面又套了一件短上衣，袖子有的是羊毛的，有的是丝绸的，也都有各种不同的装饰。披风用红布做成，从肩膀几乎一直覆盖到了膝盖。参见（意）德西迪利著，杨民译：《德西迪利西藏纪行》，拉萨：西藏人民出版社，2004年，第157页。

都串有10厘米左右长，用红色的丝线串起珍珠和珊瑚，耳坠底部专门留有红色丝绦，这种耳饰平时也佩戴。普兰女性日常穿着服装具有大方而朴素、饱暖而轻便的特点。在传统意义上，普兰女性只穿有袖子的当地手工编织的毛料"裹"藏袍，如今很多女性穿着卫藏地区普遍的无袖藏袍，内着绸子或布料衬衣。不少年轻的女性干脆不穿藏袍，已经习惯穿简便而时尚的便装。

普兰作为阿里地区气候宜人之地，夏季气温也不是很高。因此，经常穿的服饰是"裹"（གོས）制造的藏袍，其中有些穿无袖藏袍，有些穿有袖子的藏袍。笔者认为无袖藏袍通常藏语中称之为"曲巴普美"[1]（ཕྱུ་པ་ཕུ་མེད་）受西藏中部和东部的影响较大。普兰的冬季干旱寒冷，人们所穿的冬装是保暖性很强的羊皮袄藏袍，袍子外还要披羔羊皮所制的披风。由于受气候和地理位置、交通、文化等因素的影响，阿里地区服饰结构区别不是很大，但最具特色的还是普兰女性传统服饰。正如17世纪意大利传教士德西迪利在《德西迪利西藏纪行》一书中描述："在克什米尔，人们把羊毛织成精美的线然后编织成精美的克什米尔布匹，这在整个印度都是赫赫有名。羊毛头巾也有很高的价值，普图(Patteal puttoo)，是用长布条反复编织成腰带，价钱也很贵。但是最贵重而最漂亮的则是那种印度语和波斯语都叫作西尔斯(scials)的衣服。这种西尔斯是一种披风，从头上覆盖下来，一直拖到身体的下端，这样，头、脖子、肩膀、胳膊、胸部、背部直到下面的臀部，几乎连着膝盖得到了保护。这种披风精美，柔软，虽然宽大，它们却可缩成一小块，仅仅占很小的地方，放在手里，不盈一

---

[1] 曲巴普美样本上身为合体结构，通过腰省的设计解决胸腰差，下裳直身形制造成的松量通过围腰系带自由调整。参见刘瑞璞、陈果著：《中国藏族服饰结构谱系》，北京：科学出版社，2021年，第58页。

握。虽然轻薄，它们却可以御寒披在身上很暖和；因此人们在冬天常常披戴它。优美而宽大的披风，非常昂贵，在边远的地带，价钱可以说是过于昂贵了。"①这一描述把普兰女性的日常服饰与周边克什米尔生活的藏族女性传统服饰做对比的同时，能够把普兰女性传统服饰具有时代性的异同点栩栩如生地展现在人们的眼前。

二、节日服饰

普兰女性传统节日服饰中极具特色的则非"宣切"（ཤོན་ཆས）莫属，它以独特风格和悠久历史，以及不可估量的装饰价值闻名于世。这种传统节日服饰是普兰重大节庆和宗教活动、婚庆必备的传统服饰，饰品有：月牙型的头饰"嘎旺"（སྐྲ་དབང），长度约为55厘米；月牙形的肩饰"嘎例"（སྐྲ་ལེབ），长度约为55厘米；耳坠（ཀོ་རེ），长度约为26厘米；珊瑚脖围（སྐེ་རྒྱན），长度约为35厘米；胸前挂琥珀和珊瑚、饰品佛龛为主的胸饰。头饰藏语称"嘎旺"（སྐྲ་དབང），外观像帽子，由两层牛皮连结而成，用两根带子系在头上。头饰帽檐处有银坠，藏语称作"吉例"（རྗེ་ལེབ），也叫做"恰恰"（ཆབ་ཆབ），坠子上串有宝石和银片若干。以上头饰术语中个别早已融入当地民歌中，比如，阿里政协编辑资料《象雄遗风》一书中记述这样一段民歌：光芒从东方照射，东山和明媚太阳，阳光啊我的拉木，照在雪山之顶峰，父辈积累的财富，乃是果庞（སྒྲོ་འཕང）和嘎例（སྐྲ་ལེབ），点缀在我的头部，今日来酒宴席上，父辈积累的财富，家族权力所拥有，今我来观赏节目②。这首阿里传统民

---

①（意）德西迪利著，杨民译：《德西迪利西藏纪行》，拉萨：西藏人民出版社，2004年，第31-32页。

②参见阿里地区文化广播电视局编：《象雄遗风》（藏文），拉萨：西藏人民出版社，1995年第2版，第246页。引文内容为笔者拙译，原文如下：ཤར་གསུམ་ཤར་ནས་གར། ཤར་རི་ དང་ཉི འཛུམ་ཉི་མ། ཉི་མའི་འོད་ཟེར་རའི་ལ་མོ། གངས་དཀར་རྩེ་ལ་ཤར་བྱུང་། ཡབ་ཆེན་ལ་ཐབ་བསགས་པ། སྒྲོ་འཕང་དང་།

歌中记载的这段歌词中，普兰妇女传统服饰的藏文名称和专用术语表述的比较准确。

　　这种节日服饰主要由藏袍、腰带、披风、内衣、靴子几个部分组成。其中节日藏袍的右衽长袖为枣红色或者绿色的"裹"（གོས）所制。一般袖子比较长，穿的时候袖子内镶的绸子翻在外面。披风为半长袍，里子是羊羔皮，面子用手工织成的牛毛绒布或绸缎做成，水獭皮镶边，下面是彩色丝条，嵌有各种宝石，天冷时披在身上可以抵御风寒，也可铺地而坐，这是阿里地区西部四县特有的服饰之一。有关普兰嘎尔和宣舞穿戴的"吉巴"（རྒྱབ་ཤུབས），北京服装学院常乐博士描述："嘎尔喧服饰的改巴分为两种，一种是氆氇皮毛改巴，当地称为'改巴'，一种是丝绸皮毛改巴，当地称为'果巾改巴'。氆氇'改巴'，是在皮面上复合氆氇面料，并在改巴边缘镶水獭皮饰边，底边加饰彩色绦穗。"①披肩分节日装和常装两种，形状呈方形，前者做工精致且昂贵。项饰是由五指宽的珊瑚项链串起来的，一般由九②串红珊瑚组成。项饰也可打开戴在头上，用来当作头饰。但是传统意义上不允许把项饰戴在头上，当地老一辈都非常忌讳类似的穿戴方式。肩上还要佩戴上文提到过的头饰形状和样式一样的装饰品。胸饰和腰饰虽然看着密密麻麻，但是实际上

ལེན་ནོ། །འདི་དག་ལ་རྩོམ་པ། དེ་རིང་བརྒྱུན་ཆ་ལ་ཡིངས་པ། ཡབ་ཆེན་ལ་ཐབས་བསགས་པ། ཐ་གཞི་ཁ་དབང་ཡོང་པ། རུན་འདི་དེ་རིང་ཐིངས་ལ་བཞིགས་ཐོར་ཐིངས། ཞེས་བཀའ་རེས་གནས་རིག་གཏེས་རྒྱབ་བསྐུགས་བརྒྱུ་འཁྲིན་ཆུབ་ནས་བསྒྲིགས་ཤང་ཞུང་སྐྱིད་པའི་ཐི་འབྱུར་ཐོར་དམག་ཁུ་ལ་པར་འདེབས་བ་ཁྲུན་དཔར་བ་དགི
1995ལོ། ྅246

①常乐：《阿里改巴图符研究》，北京：北京服装学院，博士学位论文，2019年，第127页。

②"九"这一数字有着特定的含义。比如，苯教和佛教术语中的"九乘"。尤其对于苯教而言，"九"是一个神圣的数字。（详见（意）G·杜齐著，向红笛译：《西藏考古》，拉萨：西藏人民出版社，1987年）另外，"九"象征着一种"更高权威"的意义，进而可以归结出等级差别、多数、富裕、程度深等多重象征意义。（参见檀明山主编：《象征学全书》，北京：台海出版社，2001年，第574页。）

是由不同长度的九串项链组成，也有少于或者多于九串，由琥珀为主，另有珊瑚、珍珠、玛瑙搭配组成。其中胸饰有三至四串，一般有由形状不同的佛龛组成，有圆、方、椭圆几种形制，加之各种形状、颜色的宝石搭配而成，耀眼夺目。腰饰较长，固定在脖子上，也可以取下来一串一串单独佩戴。脚穿藏式靴子，通常有三种样式分别为"布日"（ཕྱུག་རིལ་）、"赤玛"（ཁྲི་མ་）、"挂杂"（ཀོ་བཅིགས་）。

节日服饰还有两种穿法：一种是整套服饰和配饰都要穿上；另一种是用珊瑚围脖替代戴头饰，不用佩戴肩上的"嘎例"（སྒ་ལིབ་）也不用穿披风，但是其它佩饰都要戴，这算是节日的简装。在普兰地方，平时女主人给佛敬献供品时，还要披一件白色布料制作的形似雨衣、只有帽子和一条30-40厘米宽的无袖长款披风①，这种被称为"吉垫"（རྒྱབ་གདན་）。但是在大型的宗教典礼和祭祀活动之中必须穿戴普兰女性传统服饰"宣切"。这种独特的节日服饰在尼泊尔的一些藏族

图3-1 尼伯尔宁巴女性节日服饰
（《尼泊尔的首饰》的封面）

---

① "'披'，又叫'单披服'，是遮背式、披肩式的斗篷，也可以前后从肩斜搭，裹住身体。"转自邓启耀：《民族服饰：一种文化符号—中国西南少数民族服饰文化研究》，昆明：云南人民出版社，2011年，第13页。

村落里也依然保留并传承。德国学者汉内洛蕾·加布里埃尔（Hannelore Gabriel）女士在《尼泊尔的首饰》（图3-1）中描述："宁巴①的妇女服饰显得格外的独特。"②此外，挪威奥斯陆大学人类学家艾斯垂特·哈瓦登（Astrid Hovden）女士在尼伯尔黎米村落长期调研，并撰有博士论文题目为《村落与寺院：一部关于尼泊尔西北社区的藏传佛教历史民族志》，其中叙述了相关女性节日服饰（图3-2）写道："大家户的女性有义务跳宣舞，带头宣舞的女性有责任领队到自家进行排练。"③可见普兰女性的节日服饰与尼泊尔的宁巴村落和黎米村落的女性

图3-2尼伯尔黎米女性节日服饰
（艾斯垂特·哈瓦登的插图）

①田野访谈资料。2018年7月20日下午，在阿里普兰县普兰镇多油组访谈堪波尼玛（男，藏族，49岁，僧人）采访内容：我本人曾经云游尼泊尔的宁巴村落时，见过类似普兰妇女节日服饰，一般穿戴时间是过节或拜见喇嘛时候当地妇女会乔装打扮，尤其背后披风为白色为主，该地有五个村落。

༢༠༡༨.༧.༢༠ མངའ་རིས་པོ་ཉེ་མ་ལགས་ལ་བཅར་འདྲི་ཞུ་བ། ཀྱོན་ཆས་འདི་དག་ནི་བལ་ཡུལ་ཆེམ་རྡོ་ཁྱལ་ཉེན་པ་ཟེར་བའི་ཡུལ་ཚོ་ལ་ཡོད་པ་མཐོང་ཆུང་། གཙོ་བོ་སྐྱོད་སྐྱེ་ནི་པ་རང་ཁྱལ་གྱི་ཀྱོན་ཆས་དང་མཚུངས་ལ་བྲ་མ་མཐལ་དུས་དང་དུས་ཆེན་ཁག་ལ་ཕྱིན་སྐྱལ་ཡོད་པ་དང་། རྒྱབ་གོས་དཀར་པོ་གཙོ་སྐྱལ་ཡོད། ཡུལ་ཚོ་ལྔ་ཡོད།

②原著：Hannelore Gabriel, *The Jewelry of Nepal*, Weatherhill,Inc. of New York and Tokyo.1999.p.120. 笔者拙译：（德）汉内洛蕾.加布里埃尔：《尼泊尔的首饰》，魏慈尔出版社，1999年，第120页。

③原著：Astrid Hovden, *Between village and monastery — A historical ethnography of a Tibetan Buddhist community in north-western Nepal*.Faculty of Humanities, University of Oslo.2016.p230.笔者拙译：艾斯垂特·哈瓦登：《村落与寺院：一部关于尼泊尔西北社区的藏传佛教历史民族志》，挪威：奥斯鲁大学人文学科学院，博士学位论文，2016年，第202页。The laity also has a special role in the festival.The female heads of the grong chen households have the duty to perform an ancient type of dance(shon)from Western Tibet(The leader(shon go,head of the shon [dancers]')of the shon performers(shon ma)has the responsibility to lead the dances and invite the other performers to her house for rehearsals.

节日服饰具有似性和相同的历史渊源，这将结合当下的"一带一路建设与南亚国别和区域研究"学术平台上以"比较文化"①进行深入研究，与章节内容关系不大，在此不予详述。

第二节 普兰女性传统服饰的制作工艺

传统手工艺是民族文化、文明的活化石，记载着我们民族对自然和材料进行改造、利用伟大的实践，是历史传给未来的一部文化艺术的百科全书。②普兰独特的地理气候和文化、生活方式决定了当地服饰制作时使用独特的材料和专门的制作工艺流程。阐释其制作过程，对于认识和研究普兰女性传统服饰结构的形成和形制特点，是本书极为重要的调查内容。

一、服饰的材料

（一）服装材料

普兰女性传统服饰中所穿戴的传统帽子有三种：第一种叫"廷玛"（ཞྭ་གླ）（图3-3），是花纹带点的面料，用从拉萨山南等地引进的十字氆氇所制，"十字"带花点氆氇的色彩一般以紫色为主，也有深紫色和浅紫色；第二种叫"日嘎查"（རས་དཀར་ཁ），是从印度引进的面料；第三种叫"果纳"（གོས་ནག），是以氆氇为面料所制。普通民众和僧尼所戴的帽子颜色不一样，普通民众戴黑色帽子，而僧尼喜欢戴枣红色的。这些帽子的里子都是松软布料。普兰女性特别喜欢戴这种帽饰，并且把它看作是赠送给远道而来的客人的最好的礼物。笔者考察时访谈的

---

①金克木：《记<菊与刀>——兼谈比较文化和比较哲学》，北京：东方出版社，2013年，第280页。原载《读书》，1981年第6期。

②扎呷：《西藏传统民族手工艺研究》，北京：中国藏学出版社，2005年，第3页。

一位当地老妇人说："当我还是小孩的时候，听老一辈的人在讲'文革'之后，大多数普兰女性戴的帽子是'廷玛'。制作帽子的材料是来自拉萨亲戚或者去拉萨朝拜的亲人作为最好的礼品而相赠的。"①

藏袍②和大褂一般都是普兰当地纺织的毛料"裘"所

图3-3 普兰女性帽子"廷玛"
（面朝 高宝军摄）

制。也有其他布料和绸缎所制的藏袍。内衬衣裤材料，一般都由鲜艳的布料和绸子所制，裤子现在都穿便装裤子。披风分为羔羊皮披风，山羊皮的披风，还有布料披风三种。一般制作披风的材料有羊皮、绸缎、布料、丝绦、十字氆氇、水獭皮等。腰带是从印度引进的粗布所制。靴子的材料有：当地编织的毛料，一种从印度引进的称之为"嘎别"(ᠨᠠᠠ)的布料，硬牛皮和山羊毛线，丝线和氆氇呢，麻绳等。还有当地编织的毛料鞋带。

（二）饰品材料

在较原始时代，装饰物多采用自然物略作加工使用。对这些自然物的选择，既有形式上的实用和审美因素，也伴随着不少有关巫术、宗教、伦理等方面的观念因素。③普兰女性饰品材料大同小异，大都是

①田野访谈资料。2016年9月15日下午，在阿里普兰县普兰镇多油组访谈益西卓玛（女，藏族，75岁，农民）
②刘瑞璞、陈果著：《中国藏族服饰结构谱系》，北京：科学出版社，2021年，第291页。
③邓启耀：《民族服饰：一种文化符号——中国西南少数民族服饰文化研究》，昆明：云南人民出版社，2011年，第107页。

金银珠宝，把金银珠宝缝在牛皮为面子、红布为里子的不同形状的底衬上成为头饰、肩饰和围脖等。还有细长的红布或者红黑相间的羊毛线绑带。头饰和肩饰主要由不同形状的金银块和珠宝所制，其中白色珍珠和红色珊瑚、绿松石、贝壳珠子等运用的较多，还有银珠和银链。围脖主要是红珊瑚所制，中间配有一些绿松石。耳饰有珍珠、红珊瑚、绿松石和形状各异的黄金。胸饰材料以金制饰品佛龛为主搭配红珊瑚、绿松石、金珠。腰饰由白海螺、蜜蜡、珊瑚、贝壳珠、玛瑙、珊瑚、绿松石等所制。藏族文学作品、民间歌舞和地方志中，对以上宝石异珠都有所记载："妇辫发下垂，缀珊瑚、绿松石，杂以饰物。衣盖腹，项挂色石数珠，富者三四串，自肩斜绕腋下。"①由此可见，直到现在各种饰品是普兰女性喜爱的装饰物品。爱美是服饰艺术化和多样化的心理动力，因此普兰女性服饰显得复杂得多，也更加精细，多彩华丽。

二、制作工艺流程

普兰女性传统服饰的材料和饰品工艺精湛、花纹丰富，但是如今很难找到传统工匠，因此难以考察整个制作工艺的流程。下面着重以普兰女性传统服饰上的"裹"（གོས）为主，阐述普兰女性传统服饰的制作工艺流程。普兰女性传统服饰从帽子到靴子都是当地人就地取材的手工工艺品，具有自身独特的艺术价值和制作工艺。

（一）帽子的制作工艺流程

普兰女性的传统帽子种类较多，而且在不同场合的穿戴具有严格的区分。不同的质地和名称及造形的帽子象征着妇女的社会地位和家庭身份。其中最主要的是节日盛装时所戴的"果旺"（མགོ་དབང་）和"吉

---

① （清）余庆远：《维西闻见录》，见方国瑜主编：《云南史料丛刊》第12卷，昆明：云南大学出版社，1998年。

乌"（ སྐེ $) ，以及日常生活穿戴的"廷玛"（ ཞྭ་མ $）为主的地方特色的
传统帽子。

帽子似的"果旺"（ མགོ་དཔང་། $）（图3-4）更趋向一种头戴的装饰
物，制作它的选材主要是黄金片、绿松石、珍珠、红蓝布料等。形制上部
似月牙形，下部成长条发型垂向背后。顶部的上层三分之二点缀数百颗珍
珠，中部以几十块绿松石和几厘米的黄金片重叠几层。顶部的下层用红色
布料制成，两边角为蓝色氆氇材质组成。以上头饰的颜色和五彩经幡的色

彩搭配恰好吻合，因为
当地民间就流传着这些
饰品的颜色代表蓝天、
白云、火红、绿水、
黄土的五色象征含义。
但有学者认为这五色与
中原文化的"金、木、
水、火、土"的五行要
素不谋而合[1]。此观点

图3-4 普兰女性的头饰"果旺"
（阿里政协提供 米玛次仁摄）

有待进一步商榷。这种帽子在民间普遍流传，普兰妇女在重大庆典活动中
佩戴，以示对远古文化的崇敬。它的制作工艺流程比较复杂，这点笔者将
在第四章的普兰女性传统美饰的特征及其文化内涵中进行具体阐述。

"吉乌"（ སྐེ $）（图3-5）这类饰品严格意义上只会戴在颈部，类
似项链式装饰，曾见于青海乐都出土的马家窑文化人形彩陶[2]。但没有
整套的普兰妇女服饰穿戴时形制成了酷似脖套戴在头顶，选材主要以珊

---

①刘瑞璞、陈果著：《中国藏族服饰结构谱系》，北京：科学出版社，2021年，第162页。
②沈从文编著：《中国古代服饰研究》，北京：商务印书馆，2015年，第25页。

图3-5 普兰女性的头饰"吉乌"（蓝子俊、陈思予 摄）

瑚珠子为主，大概环绕七串到九串不等的齐整珊瑚装饰。中间是金制相框三个之间相隔距离等同。一般在举行传统意义上的喜庆日子里才会戴在头上。比如，欢度普兰新年和开春仪式。但现如今在欢庆日子大都会佩戴这个头饰，一是其为普兰女性传统服饰的象征之一，二来彰显其在社会上的家庭地位。在城镇的婚礼和欢送等场合中，会出现数十位中老普兰妇女头戴"吉乌"，合唱起传统的歌曲，以穿戴整洁的传统服饰来表达吉祥的祝福。

通常情况下，制作"廷玛"帽子时，先根据自己的喜好选好帽子的材料；然后将自己头围在椭圆木头模具上将帽子的形状定型，为了将帽子固定成半圆桶形，材料中加入凝固剂（如融化的白糖之类）。帽子的形状固定后，再把帽子的半圆桶体和冒顶缝制为一体，并用布料和绸缎缝包裹边缘。最后给帽子加内衬和装饰，装饰一般是帽子的后边开衩口处的两边缝制两个三角形缎子。这是普兰最流行的女性传统帽子制作过程。

（二）服饰衣袍的制作工艺流程

普兰女性传统服饰衣袍，称之为"裹"（གོས），与卫藏的"曲巴"(ཕྱུ་པ)的材料氆氇非常相似，但是这种"裹"的制作工艺流程却不同于氆氇，保留了藏民族古老的传统手工艺的流程，包含了选材、纺线、纺织、洗涤、染色等制作工艺流程。

1.选材

在普兰最好的材料是绵羊颈部的毛，藏语称"喔白"（ཚོག་བལ），这一部位的羊毛最松软，最耐用。过去像这样最上等的材料用来制作僧人的袈裟和贵族的衣裳，对普通老百姓来说是奢侈品。这种材料加工的"襄"质地优良，特别耐用，织出的毛料可以竖立在宝座上，如同山南上等"谐玛"（གདན་མ）氆氇一样穿透男士的戒指。当地人认为在旧西藏时能够编织这种"襄"是一件很难得的事，因为精致"襄"的制作材质至少选用几百只绵羊颈部的毛，有时甚至需要更多的羊毛。普通的"襄"选用绵羊其他部位的羊毛。

2.羊毛洗涤及纺线

剪羊毛和洗羊毛之后（图3-6），要用一种特殊的工具"柏携"（བལ་གདང），需要专门从印度商人那里购买，形状类似带铁丝的梳子，可以把羊毛梳得松软，还可以去除羊毛上的杂质。然后用纺锤来纺线，毛线纺得越细纺织品越精细。纺好的两根毛线捻成一根线，并把它缠成球状，藏语

图3-6剪羊毛的情景

称之为"楚古朵朵"（གྱུ་ག་ཚོག་ཚོག），之后把这些放在蒸馒头的锅里蒸馏几个小时，目的是使毛线变得松软和具有一定弹性①。

---

①田野访谈资料。2016年8月25日上午，在阿里普兰县普兰镇吉让组访谈次仁玛（女，藏族，41岁，农民）

3.编织

阿里普兰是西藏边缘地区，这里仍然保留西藏旧时的纺织习俗，所用的编织工具是原始腰织机（图3-7），纺织方法也很古老。与考古学界发掘新石器时代的纺具和织具①有相似

图3-7普兰当地纺织工具（笔者考察时拍摄）

之处，尤其是河姆渡织机和开口运动复原图②和现今普兰妇女的纺织工具非常吻合。笔者在实地调研时发现，普兰多油村德林组的古苏家族依然保留着一套完整而流传好几代的纺织用具。据这家一位老阿妈讲述："这些纺织工具历史久远，至少祖传四代。因为我们这一家曾经出过一名大师珠旺·晋巴努布③，我奶奶讲过是那时留下的纺织用具。每一个道具都有自己的名称和独特的功能。当地对纺织者的性别有一定的要求，只有女性可以从事纺织工作。"④可见普兰一带非常忌讳男性来编织，这是一种传统观念。比如，普兰新年期间挂经幡、煨桑都由男性来完成。拉

①沈从文编著：《中国古代服饰研究》，北京：商务印书馆，2015年，第40-41页。

②王孖：《八角星纹与史前织机》，《中国文化》，1990年第2期。

③珠旺·晋巴努布生活在18世纪末19世纪初，是一位智游列国的普兰游僧，也是普兰家喻户晓的高僧大德。有关这位大师的传记（自传），笔者在2011年读研期间借阅普兰古苏寺的母本，在色拉寺和大昭寺古籍保护中心刊印，并把《珠旺·晋巴努布自传及相关历史探究》发表在《西藏大学学报》（藏文版），2019年第4期。原著名称：《གྲུབ་དབང་སྤྲིན་པ་ནོར་བུའི་རང་རྣམ།》མེར་གཙུག་ནོར་བསྟན་དུ་ཊེ་འཆོང་བ་པ་ཕྱོགས་སྒྲིག་ཁང་། ༢༠༠༩ལ་བ་4，其后由阿里政协再版。

④田野访谈资料。2016年8月27日上午，在阿里普兰县普兰多油族德林组访谈洛桑卓玛（女，藏族，71岁，农民）

萨的藏历六月四日的"转山节"①期间，笔者同一位外国学者访问数百名
朝拜者后发现，在拉萨等地的女性也来参与煨桑这项传统的宗教仪式。

普兰没有专用纺织机，都用最简便的原始织机，所以编织之前先要
用十二个木质钉锤来固定编织方位，然后拉经线，最后就地进行编织。
编织过程和卫藏"溜"（ཉིག）②的编织方法相似。编织速度也很快，一
般两三天就能完成。在纺织过程中每一项工艺流程都必须用心。编织过
程虽然没有什么隆重的仪式，但是有一些讲究："开工第一天必须选个
吉日，而且当天的编织者通常选一个编织技艺高超的人。因此，当天也
会邀请一些当地出名的传统编织人员，即便要多花一些经费也在所不
惜。"③这点充分说明当地人对传统手工艺人的尊重和传承优秀技艺的
坚心。当地老百姓为了织出精致的"裹"，他们会用很长时间精心编
织，只要质量好，进度是次要的。对于一些外地的纺织人员而言，他们
更注重经济效益，普兰的外来编织者一般都是在普兰做生意的尼泊尔籍
的藏族人，当地人称他们为"黎米"（ཀྲི་མི Limi）④。除了加工纺织品
外，他们还在那里售卖精致的木碗，这种木碗就是在整个藏族聚居区负
有盛名的"堆拉颇"（སྡོད་ཆུ་ཕོར），其种类也保持着传统的特色。他们
制作销售的各类木碗主要有：吃饭的木碗、喝酥油茶的木碗、盛菜盛肉

---

①笔者曾与挪威藏学学者Astrid Hovden做了两天的田野作业，主要以拉萨哲蚌寺和色拉寺背后
转山节为中心进行田野考察。

②一种编织方法，编织物为牦牛绒毛等。详见邓启耀：《民族服饰：一种文化符号——中国
西南少数民族服饰文化研究》，昆明：云南人民出版社，2011年，第31页。

③田野访谈资料。2016年8月25日上午，在阿里普兰县普兰镇吉让组访谈次仁玛（女，藏
族，41岁，农民）

④Astrid Hovden, Between village and monastery — A historical ethnography of a Tibetan Buddhist
community in north-western Nepal.Faculty of Humanities, University of Oslo.2016.Limi consists of three
village Til, Waltse, and Dzang situated on the banks of the Limi Rever,a tributary of the Karnali in the far
north-western corner of Nepal.。

的木碗和盘子，盛糌粑的木碗、盛辣椒的木碗、喝青稞酒的木碗、喝藏白酒的木碗、盛放糖果的木制盒子①等，做工精致、质量上乘。

4.染色的制作工艺流程

客观认识阿里普兰女性传统服饰纺织品的制作、染色工艺对西藏服饰色彩文化研究具有重要意义，有必要探讨有关普兰服饰的"裹"（ གོས ）文化。一般"裹"染成的颜色呈现为"枣红色"，这与曲贡遗址先民"尚红"习俗有或多或少的关联，主要表现为在打制石器上涂抹红色颜料②。一直以来，印度商人出售的染色剂最有名，普兰当地人从印度商人那里采购颜料来对"裹"进行染色。这种染料以纯植物作为原料，染色后具有不易褪色、不会变色等优点。当地人把石粒状的染料磨成粉末然后放到陶瓷③罐里，加入冷水加热煮开。水煮开后把"裹"放进陶瓷罐里，然后把陶瓷埋在粉状的羊粪堆里。数天之后往陶瓷罐里放一点糌粑，其目的是使染均匀，当地人称之为"甲促卓郭朵巴"（ རྒྱ་ཚོས་ སྐོན་པ་ལྟོགས་པ ），意为就像饥渴的人喝水一样，染色剂很容易被吸附了。这种做法在西藏很多地方普遍存在，如山南扎囊县吉德秀镇纺织毯氆或邦典④时也用传统染色方式。最后把染好的颜色的"裹"从罐里掏出来，并且用清水冲洗干净，准备进一步加工。

5.洗涤和加工成品

纺织完之后洗涤，当地称"恰加巴"（ ཆག་བཅག་པ ），就是把"裹"泡在冷水当中。然后用脚踩踏一天之后晾晒，藏语称"恰贡巴"，就是

①周文强、孙芮茸：《西喜马拉雅的盐粮古道与国际市场》，引自陈丹青，张青主编：《阿里：旷野神话》，北京：中国藏学出版社，2022年，第282页。

②李永宪：《西藏原始艺术》，石家庄：河北教育出版社，2000年，第246页。

③李永宪：《西藏原始艺术》，石家庄：河北教育出版社，2000年，第100页。

④索朗措姆：《山南邦典民俗文化研究》，硕士学位论文，西藏大学，2010年，第23页。

把踩踏好的"裹"在阳光下晾晒。这样做的主要目的是为了让"裹"变得更加坚韧耐用。"裹"在没有晾干之前就要加工成服饰。如果已经晾干了就必须用"丝迦"（ བསིལ་རྒྱ ）沾水并洒在"裹"之上，起到保湿作用，缝制之前必须保持"裹"色彩如一，然后再选择一个大小合适的针来缝制。

6.缝制"裹"（图3-8）

首先，"裹"是一种氆氇。氆氇有各种颜色，细致柔软，幅阔只一市尺左右①。缝制工艺流程必须从衣领开始缝，因为"从缝制衣领可以看出裁缝者的技术水平。"②完成之后，为了装饰藏袍，在上半身缝彩色的布，男人的袍子

图3-8 普兰女性服饰的"裹"

缝上蓝色，女人的袍子缝绿色。在笔者看来，这种习俗更多是为了穿着时辨别性别。访谈中有人介绍"如果是男士袍子在'裹'的右袖下做蓝色三角形的为衣扣，女的在衣袖两侧作红绿色的衣扣为装饰作用。"③

（三）靴子的制作工艺及流程

普兰女性日常穿的鞋子各式各样、名目繁多。传统的靴子有四种，藏语分别称"布日"（ ཕུག་རིལ ）、"郭杂"（ ཀོ་བཙགས ）、"郭朵瓦"（ ཀོ་ དྲུག་བ ）、 "香孙"（ ཤང་ཆེན ）。因高原气候的影响，日常穿用是长统

---

① 沈从文编著：《中国古代服饰研究》，北京：商务印书馆，2015年，第703页。

② 田野访谈资料。2016年8月25日中午，在阿里普兰县普兰镇吉让组访谈次仁玛（女，藏族，41岁，农民）

③ 田野访谈资料。2016年10月20日中午，在阿里普兰县普兰镇谈尼玛顿珠（男，藏族，32岁，干部）

靴子，其款式跟卫藏女性所穿的"松巴"（ཞབ་པ）靴子差不多，由厚鞋底、鞋面、鞋帮、鞋带四个部分组成。

1.选材

不同种类的靴子的材质各不相同。最主要的原料来自当地羊毛和牛皮，一般比较讲究靴子底部的毛料。靴子底部的材质一般为牛皮，毛线弄成的氆氇作为面料，黑色的氆氇做成靴筒，靴子质地与华丽的服饰有所不同，但整体上却与女性服饰搭配得十分得当。从服饰生态学来看，藏靴的材质都是纯天然原料，对人体健康不会造成不良影响，并具有美观而暖和的作用。

2.纺织

每种藏靴纺织都各具特色。但是这几样鞋子的结构和特征区别并不大，都是高帮厚底，鞋帮后上端开衩，鞋面用不同的材质装饰，而且还绣有花纹。首先，从外观上看，色彩艳丽美观大方，古朴高雅，透着浓重的藏民族文化气息。如同内地布鞋吸汗能力强，藏靴所纳的底子材质都是山羊毛、麻绳、皮等，具有一定的隔湿作用。在水泥板上穿这种鞋子，对关节炎患者有一定的保护作用。其次，这种靴子保暖性非常好，靴帮后面特设开衩，所以穿着也很方便。最后，从鞋底到鞋带都有一定的装饰，上面绣有四瓣花和各种图案，能够看出吸收中原内地刺绣文化。这艳丽的靴子在整个服饰之中光彩夺目，就像画龙点睛，而且可以说它是实用与美观的统一体。

3.制作工艺流程

藏靴的制作的工艺流程主要有纳鞋底、制作鞋帮、绣花、制作鞋带几个步骤组成。阿里普兰女性传统靴子四种类型中，最复杂的"布日"（ཕྱུག་རིལ）是日常穿的靴子。这种藏靴的制作工艺非常精致，缝制的主

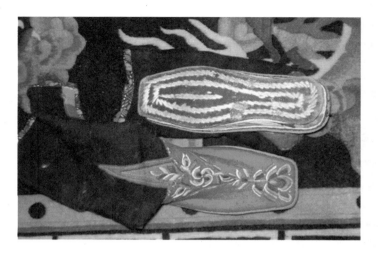

图3-9普兰女性的传统藏靴（笔者考察时拍摄）

要工具是岩羊的小角或者鹰爪。鞋底用山羊毛线所纳，就像纳布鞋鞋底一样，不过藏族鞋底完全用这种线来缝制，从鞋底中部慢慢往外缝出脚的形状，但是部分不分左右。鞋底有5厘米厚，纳好底部后，为了与鞋面更好衔接，还要从周边缝制六圈，差不多2厘米厚，这部分还要用其它颜色线缝出美丽的图案，藏语称"玫龙"（མེ་ལོང་）。鞋帮主要是用普兰人自己制作的黑氆氇毛料，上面点缀有红色和绿色氆氇。鞋面是红色氆氇所制，鞋面和鞋帮衔接处有绿色氆氇，并绣有美丽的花朵。鞋底和鞋帮缝在一起以后，两个边缘缝合处还用蓝色的线绕着缝一圈，将鞋面和鞋底缝的更结实，而且整体上更美观。

另一种叫"果杂"（ཀོ་བཙགས）或者"喆玛"（ཀྱེ་མ），是节日时必须穿的靴子（图3-9）。它的制作过程与上面相同，不同的是鞋底下面钉了三层染成红色的硬质皮子。"祥苏"（དབྱར་ཟོལ）是一种夏天雨季时候穿的藏靴，非常耐用。但制作鞋子内部时主要使用印度买来的麻布式料子来缝制，上面所绣制的花纹与卫藏一带的一样。

以上三种靴子很相似，没有太大的差别。还有一种叫做"果多瓦"（ཀོ་ཏོ་བ），是用牛皮筋制作，做工精巧而简洁，兼具保暖性和柔韧性，

不加任何的花绣，通常制作完之后底部皮子必须石头打磨，以防止进水。因此这种靴子最适合在冬季穿。老年人穿的比较多，一两天内可以制作完成。靴子的鞋带是用传统手工艺编织成的藏式靴带，长度约25厘米左右，鞋子的两端还余出3厘米长。

图3-10 普兰传统迎庆习俗
（来源阿里政协婚礼书 米玛次仁摄）

本章小结

普兰女性传统服饰的分类主要按照时节分为日常服饰和节日服饰；按照农牧民区域的不同分为农区服饰和牧区服饰；按照气候变化分为冬夏服装。

作为服饰文化的一个重要环节，它包含了选择材质、纺织纺线、染色、缝制以及凝结在普兰女性传统服饰文化背景下的诸多民俗文化特征，反映了普兰女性在服饰制作工艺流程上的科技思想。比如，普兰女性传统服饰的材质，常见的有羊毛、麻布、丝绸、羊皮等材料。这些材质的来源于在当地民间制作工艺中仍保持着传统的家庭手工生产方式，与现代化的工厂流水线作业形成鲜明对照，不失为我们研究古代服饰纺织技术和程序的"活化石"。

经实地考察发现，普兰女性传统服饰的分类和制作工艺流程富有地方文化特色，尤其图案和色彩系统为"纹必有意，色必象征"，当地女性传统服饰图案深刻反映了原始图腾与中原文化融合的神秘信息。通过专业研究者对普兰服饰色彩采集的成果发现，古朴风尚是由于保留了传统服饰的古老印染工艺，服饰上的色彩从染织技艺到色彩表达均具有本土内涵，最具标志性的是染织技艺和色彩系统中五色的形成和演绎。根据形制、分类和色彩的标本信息采集，结合文献研究，阿里普兰女性传统服饰制作工艺流程仪式不仅具有藏文化原生的苯教色彩，并从中能发现外来文化的元素象征，可视为早期西藏服饰文化多元一体的实证。

第四章　普兰女性传统服饰形制和美饰特征

服饰作为人类社会的产物，它是一个民族生活方式、审美意识和审美情趣的集中体现。正如李永宪教授所言："西藏新石器时代的人体装饰品种类较为丰富，材料较多样，制作工艺大多体现了当时人们的最高水平。在形式上，新石器时代的装饰品以小型化为主，以人工制品为主，基本上是属于面部及颈部的装饰，其中以卡若遗址出土的组合香饰最为典型，是新石器时代西藏人体装饰艺术的最佳代表作品。"[1]由此可见，远古社会生产极为落后，人们对自然界所知甚少，对社会现象了解不深，对大自然的各种现象更是难以解释，认为有一种超自然的力量主宰着一切，认为天神控制着整个大自然，给人类带来吉凶祸福，对天神产生一种敬畏感，便向天神献祭祈祷，以求免灾得福，获得平安，从而产生了最原始的宗教信仰、仪式和仪轨。在祭祀的场合穿戴特定的祭祀服饰来取悦神灵，以求神灵的庇护，服饰因而超越了实用功能的主体价值，具有了在原始信仰生活中的审美价值。

第一节　普兰女性传统服饰结构及其美饰特征

普兰女性传统服饰是实用与审美的统一体，它有独特的结构特征，具有一定的审美艺术特点，服饰的各个组成部位都有一定的文化象征意义以及价值内涵。普兰女性传统服饰不仅具有藏族服饰整体的结构特

---

①李永宪：《西藏原始艺术》，石家庄：河北教育出版社，2000年，第76页。

征，还具有自身独到的结构特征。普兰地区深厚的文化造就了这里女性传统服饰背后深层次的丰富文化内涵。

服，是服饰的主体部分。它可以是实用器物，也可以是符号象征，皆在满足人的本能性需要和文化性需要。文化的发展，也是人的文化性需要强化的标志。最初仅满足于护体保暖等生理需要的衣服，在形制、种类等方面日愈丰富起来，附着政治、伦理、宗教、审美等诸多文化功能。其服饰在形制上，已由单层整块裹体或局部遮护，变为多层分装穿着；衣服的质料、色彩、图案、装饰等也越来越多样①。在结构上，服饰衣着分为帽子、大褂、披风、靴子等。

一、传统帽子款式特征

(一) 款式结构特征

普兰女性通常戴的帽子，藏语中称之为"廷玛"（图4-1）。形状为圆柱形，脑后有个梯形的缺口，刚好落出两个发辫，帽子的口边镶有一圈其它色彩的缎子或者布料，后边有开衩，缺口下角边上各有一个三角缎或者布料装饰。帽子口边都有布料或者绸缎的滚边。整个样式有点像拉萨墨竹工卡、林芝和山南女性的帽子，但是比起这两个地方的帽子更简便，装饰也少，帽檐也没有翘起。当地民间流传的："象雄王子顿巴·辛绕米沃齐娶了一位林芝姑娘为妃子，是这位妃子带到普兰。"②但这一传说在《林芝史话》中以不同女性身份记述："工布（林芝）的罗刹女魔并不死心，又变作百名娇媚的少女，献上毒针，顿巴辛绕。"③

①邓启耀：《民族服饰：一种文化符号—中国西南少数民族服饰文化研究》，昆明：云南人民出版社，2011年，第61–62页。

②田野访谈资料。2016年9月6日下午，在阿里普兰县普兰镇多油乡访谈强久桑布（男，藏族，85岁，农民）

③巴桑旺堆主编：《林芝史话》，北京：人民出版社，2018年，第288页。

虽然民间传说和书中记载的女性身份不同，但隐含有阿里普兰与林芝之间在历史上风习融合的情况。

如果传说属实，则这款帽子至少有几千年的历史。此外，从外观上看，帽子的形状仍保持吐蕃时期的圆

图4-1普兰女性日常帽子（笔者考察时拍摄）

筒。虽然现在帽子的款式有很多样式，但整体而言，跟山南和林芝以及拉萨墨竹工卡的帽子很相像，也说明这个帽子曾经一度流行于西藏西部乃至东南部不少地方。

（二）审美特征

1.色彩及图案审美特征

传统上帽子的材料使用从拉萨山南等地引进的十字氆氇所制，帽子口边镶有缎子，开衩两边各有一对三角缎子。十字纹氆氇饰条，这一具有原始苯教因素的藏族女性传统服饰，恰好证实了它的真实性。同时表明它有藏边人家聚集区文化符号的象征意义。正如学者檀明山认为，帽子除了具有御寒、遮阳等实用功能外，还兼有装饰作用[1]。普兰女性帽子的色彩一般以紫色为主，另有深紫色和浅紫色。帽子上的主要图案是底色为白色的十字花点。帽子顶部还有一块方形白布装饰物，这种习俗只有在举行婚礼等传统节日上才佩戴，其功能是装饰和点缀。普兰尼僧所戴的帽子皆为枣红色。

---

[1]檀明山主编：《象征学全书》，北京：台海出版社，2001年，第486页。

2.图案内涵

十字氆氇上的"十字"①是从雍仲符号演变过来的简化符号。笔者曾在布达拉宫附近的民俗博物馆中看到过古老的十字氆氇演变的痕迹。在西藏"雍仲卍"②是永恒不变之意，也是藏族原始宗教苯教的吉祥标志。苯教象征符号卍"雍仲"具有永恒不变之意，也是藏族原始宗教苯教的吉祥标志。普兰妇女戴的帽子上，"十字氆氇"上的十字是雍仲符号的简化符号，也是从雍仲符号演变而来的。这个"十字"③符好在不同的底色衬托下，更加鲜明美艳，立体感特别强。帽子上每排十字符之间有四条蓝线相隔，每个帽子上有八排十字符图案，具有吉祥或荣华等含义。藏族学者扎雅·罗丹西饶教授说："象征这一传统何时何地流传于藏族文化中现在难以彻底考究，但从藏族文化的发展史来看，距今至少已有3900多年的历史。包括藏族文化的根源象雄文化在内，藏族文化的根基苯教文化诞生之前，就已经开始运用象征这一传统。"④在实地考察过程中，发现不少当地人也认为"十字"氆氇帽子和披风的装饰都是古老的象征符号。同时，考古文物专家早对"十字形"有所论述，重要的是一件刻纹纺轮，上面的花纹图像作十字形，中部圆圈表示孔穿，

①"十"字纹："十"字纹样是西藏山南地区氆氇的主体图案纹样。"十字氆氇"(rgya gram ris)，由"十"字纹变形而成的印花氆氇袍，也称"甲洛"。藏族民间普遍把各种形式的"十"字符用于服装、藏靴的装饰，成为藏族民间象征吉祥的一种装饰图案。这种图案与藏族历史、宗教信仰有着深刻的关联，"可以说是由多种动机汇集在一起的"，求佛祖的保佑、驱邪、审美习惯兼而有之。参见李玉琴：《藏族服饰文化研究》，北京：人民出版社，2010年，第42页。

②"雍仲"(གཡུང་དྲུང་)是一种象征符号，"在藏族文化中所具有的寓意是'永恒不变'、'坚不可摧'、'吉祥万德'等。这种寓意在较早时期源自'雍中苯教'，始于距今2000年之前。"详情参见夏格旺堆、白伦·占堆：《"雍仲"符号文化现象散论》，《西藏研究》2002年第1期，第70—76页；才让太、顿珠拉杰著：《苯教史纲要》，北京：中国藏学出版社，2012年，第44—49页。

③十字纹藏语称"甲洛"(རྒྱ་སློག)或"甲章"(རྒྱ་བཟས)，普兰当地民间普遍把各种形式的"十"字符用于服装、帽子、藏靴的装饰。这种图案与藏族历史、宗教信仰有着深刻的关联。另外，"十"字符号在阿里日土岩画中的"十"字的文化内涵有着一脉相承的沿袭。

④扎雅·罗丹西饶：《藏族文化中的佛教象征符号》，北京：中国藏学出版社，2008年，第3页。

它是织机上具有代表性的部件①。此外，传说这个帽子也象征孔雀的头部，从鲜艳的花色和美丽的十字符来看，有孔雀的华丽之美。这种孔雀形制比喻在其他少数民族的女性头饰也有阐述，比如，云南西双版纳的傣族妇女特有的发式里就有②。帽子上的"十字"符是藏族常用的纹样，简洁美观，具有强烈的递增排比。这个"十字"符在不同的底色衬托之下更加突出其立体感。十字氆氇也已经成为了藏族的一个重要的衣饰物，在西藏及其他涉藏地区特别受欢迎。有专家认为，"十字型"是指以通袖线和前后中心线为轴线的交叉结构形制③。帽子开衩部位左右两边的三角缎子，不仅具有装饰和点缀的作用，还象征了孔雀冠町。据说，普兰女性传统日常服饰称孔雀服饰，帽子是孔雀头冠，在考察过程中不少老百姓认可此观点。因此，进一步证实了戴这个帽子，披山羊皮（རྒྱབ་སློག）④和"十字氆氇"⑤披风的装饰，这或许是他者称之为"孔雀服饰"的来源。

---

①沈从文编著：《中国古代服饰研究》，北京：商务印书馆，2015年，第40页。

②邓启耀：《民族服饰：一种文化符号—中国西南少数民族服饰文化研究》，昆明：云南人民出版社，2011年，第122页。

③刘瑞璞、陈果：《中国藏族服饰结构谱系》，北京：科学出版社，2021年，第40页。

④纳西族特色服饰羊皮披背，曾引起人们广泛的兴趣。羊皮披背纳西语称"鱼轭"，意即羊皮。羊皮用纯黑羊皮鞣制，羊皮毛朝内，外留部分白皮，缝以黑色布料。在羊皮披背的顶部，缝有两条白色宽带，上挑黑色图案，图案纹样有人、蛙、植物等。羊皮披背背带的缀连处，缀有两个大圆形绣锦描花图案。在黑布与羊皮光面缀连处，横缀着一排七个圆形绣锦描花图案，每个圆盘上分别牵引出两条柔韧的麂皮细绳，七盘共十四根细绳称为羊皮飘带。这些圆盘锦绣的描花图案，纳西语称"巴妙"，意即蛙眼。也有纳西族解释说，"巴妙"，最初叫"巴含"，意为绿色花片，因为古时缀钉在羊皮披背上的圆形图案，就只是个绿色的绸片而已。对纳西族羊皮披背的解释很多，民间也流传着许多传说，大致可分为几类：勤劳的象征、斗魔说、辟邪说和图腾说。详见邓启耀：《民族服饰：一种文化符号—中国西南少数民族服饰文化研究》，昆明：云南人民出版社，2011年，第268页。

⑤西路与北路羌族的绣花，以几何图案的"十字绣"为多，东路则流行以花朵图案为主的"刺绣"。详见王明珂：《羌在汉藏之间——川西羌族的历史人类学研究》北京：中华书局，2016年，第292页。

（三）帽子样式特征

普兰女性的帽子具有藏族帽子共有的特征，也有它本身独有的特征。首先，质地大部分用的是当地生产的毛料。普兰农区毛料稀少，制作帽子的布料"嘎查"（རས་དཀར་ཕུ）是邻国尼泊尔的手工粗布，十字形氆氇一般是西藏山南的特产。其次，从帽子的款式上来看，虽然与林芝、墨竹工卡、山南等女性帽子比较相近，但是比起上述帽子，普兰女性的帽子更加简洁美观，上面的装饰物极少。普兰一带帽子不像林芝女性一样代表人生礼俗中结婚与否的含义。从帽子的色彩来看，鲜艳亮丽，满足了当地人的追求孔雀艳丽色彩的审美心里，也能体现孔雀河带给人们的启发和审美特征。如同，"孔雀之乡"—傣族妇女头饰"孔雀髻"的象征含义。

二、大褂款式特征及内涵

（一）款式特征

普兰传统节日服饰之中还有一件长袖大褂，藏语称"嘉村纳阿"（འཇའ་ཚོན་རྣ་ཕུ），意为五色彩虹。在西藏传统观念之中认为彩虹只有五彩。这个大褂比藏袍短一节，平时穿在藏袍之上，款式有点像卫藏女性服装上的坎肩大褂，但是普兰的大褂有个最大的特点，即两个长袖上镶有五彩的绸子或者布料，而且比起卫藏地方的大褂更加宽松。穿着这种长袖大褂的人平时并不多，只有跳"宣"舞时才穿。

（二）审美特征

1.色彩及图案审美特征

这个长袖大褂颜色一般都是古朴的棕红色和大红色。大褂的长袖上镶有五颜六色的绸子或者布料，而且排列很有规律。

2.色彩的象征含义及审美特征

五彩大褡（图4-2）从表面上象征着美丽的彩虹，但是从更深处来说，它代表着藏族人对自然界五行元素的认识[①]：天、白云、火、碧水、大地，象征着运气、福气和吉祥等含义，如同经幡一样。

图4-2 普兰"宣"舞服饰上的五彩大褡 （珞·加央摄）

（三）披风样式特征及内涵

从卫藏等地的女性古装上可以看出，西藏很多地区披披风的习俗早已有之。关于披风，我国著名的历史文物学家沈从文先生论述道："直接作斗篷式披着于身，彝族的披风'擦尔瓦'也是它的同类形式。其优越处是白天为衣，夜间为被。在材料的应用方面，如云藏高原气候寒冷，多用条纹毛布或麻布，形制较长。"[②]可见在卫藏等地，随着社会的发展和进步披风逐渐变异为装饰物，如今已经几乎没有人穿戴披风。

---

①刘瑞璞、陈果：《中国藏族服饰结构谱系》，北京：科学出版社，2021年，第162页。
②沈从文编著：《中国古代服饰研究》，北京：商务印书馆，2015年，第36页。

但作为象雄文明发源地的普兰，至今仍然保留着穿着披风的习俗，而且不管披风的样式怎么变异，祖祖辈辈流传下来的古老披风的样式亦被保留下来了。国内视觉人类学家邓启耀先生也阐述到："披，有披风、斗篷、披巾、披肩等形制，为西南少数民族古今服饰中种较有特色的样式。在旧方志有关西南'诸蛮'"的图绘中，'披'的服饰极为常见，披法和所技之物也各不相同。"①这种披风不仅在装饰和美观意义上始终没有离开实用性，而且具有实用和审美相结合的特征。另外，艺术学学术带头人刘瑞璞先生在《中国藏族服饰结构谱系》中阐述："在西藏西部的阿里地区普兰县将羊皮制成披单作为重大节庆时的盛装标志性搭配，可见皮衣的族属护身符意味明显"②普兰的女性披风具有款式多样的特征，不同的披风能够体现穿着者的身份和等级。比如，华丽而名贵的绸缎羔羊披风穿着者一般都是家庭富裕的女性，披山羊皮披风和布料披风的一般都是家庭条件一般的女性。另外，从披风上侧面反映出当地的生活方式和社会文化关系。由于地处高原，冬季风雪严寒，夏季烈日炎炎，因此，披风冬天可用于保暖，夏季可用于遮阳，此外，披上披风不仅平时不用穿更厚的衣服，便于穿脱且携带方便。过去交通工具很不发达，骑马时披风是最好的保暖服饰，同时也凸显了飘逸的动态美。从披风的材质绸缎、十字氆氇、粗布等来看，普兰服饰在保持古老样式基础上，充分运用了其他民族的先进文化元素，体现了当地文化的融合性与多元性。女人们平日都穿着彩色的宽长裤或者是有锦缎腰带的裙子和长围巾。跨越喜马拉雅文化进行实地调研的研究者汪水平先生等编著的

---

①邓启耀：《民族服饰：一种文化符号—中国西南少数民族服饰文化研究》，昆明：云南人民出版社，2011年，第87页。

②刘瑞璞、陈果：《中国藏族服饰结构谱系》，北京：科学出版社，2021年，第58页。

《拉达克城市与建筑》中描述："最受欢迎的女式发型是在头发底部做一个简单的字符形状或用一个华丽的银夹编织而成。对于拉达克的女性来说，织锦绸缎是富贵的标志，优雅简单的礼服代表着时尚。头戴丝绸和天鹅绒的帽子或者带有绚丽色彩的特有的头饰也是女性打扮自己的一种方式，拉达克妇女喜欢穿戴和展示有宝石镶嵌的银项链、护身符和戒指。"[①]可见拉达克一带女性传统服饰也有类似的披肩，但其功能则为装袋婴儿或包裹[②]。

三、披风的款式特征

（一）款式特征

披风的种类有："裹乾吉巴"（གོས་ཆེན་རྒྱབ་པགས）丝绸披风（图4-3），羔羊皮披风，"米巴央吉"（མི་པགས་གཡང་འཁྱིལ）俗称"人皮招运"披风，山羊皮的披风，还

图4-3普兰女性的"裹乾吉巴"披风（拉巴欧珠摄）

---

①汪水平、庞一村、王锡惠编著：《拉达克城市与建筑》，南京：东南大学出版社，2017年，第10页。

②The women wear a similar robe called a kuntop but on their backs they add a colorful shawl, a bok, which a baby or parcels can easily be carried.It used to be worn for warmth and as protection on the back against heavy loads of sticks and rocks.Traditionally it had a brightly coloured design on the outside,with yak or goat skin on the inside to keep thewearer warm.This has now been changed by fashion to a simple ornament of brightly coloured material,although inwinter many women still wear the goat skin for warmth.Margret, Rolf Schettler,Kashmir, *Ladakh & Zanskar — a travel survival kit*,Singapore National Printers Ltd,pp134.

有布料披风。

丝绸羔羊皮的披风：这种披风是普兰特有的。它的长度大概有1.3米，宽度大概有1.1米左右。里子是羊羔皮，面子是绸缎，用水獭皮镶边，下面装饰着彩色丝绦，是嵌有各种宝石的半长袍，天冷时披在身上可以抵御风寒，也可铺地而坐。

山羊皮①的披风②：最初的山羊皮披风是带头皮和四只脚的整个羊皮来制作的。穿的时候羊头朝下，前肢也一起垂下至脚跟处，腰部束一根带子，肩膀处的绳子绑在肩膀上。如今上半身部分用紫色的十字氆氇做外罩。在采访过程了解，这种披风当地老百姓称作"人

图4-4普兰女性的山羊皮披风（米玛次仁摄）

①羊皮在古老的高寒民族传统服饰中运用得十分广泛，可以视为我国高寒民族原始服饰形态的共同特征。参见刘瑞璞、陈果著：《中国藏族服饰结构谱系》，北京：科学出版社，2021年，第58页。

②披，可能是远古披裹式衣的遗制。最早可能是以整块兽皮披裹。这种服饰，在有些民族中仍有遗留。西藏错那县门巴族妇女喜穿用红色氆氇制成的袍子，前面披一块白氆氇作的围裙，后面披一块小牛犊皮，毛向内而皮板向外，牛犊皮的头部向上直抵颈项，牛尾朝下，四肢向两侧伸展。云南纳西族妇女的七星羊披选择毛色油黑、绵密柔软的绵羊皮，经反复鞣制，剪成∪形，上部横镶一段黑氆氇或毛呢，内衬天蓝色棉布，上面一字横排七个用五彩丝线裹绣的圆形图案俗称七星），羊皮上端缝两根白色长带，带端绣黑色图案。披时毛向内用带从肩上搭过，在胸前交错而系向腰后。普米族则又是另一种披法。据古书载，古时苗、瑶的先民及所谓"尾濮"、"西南夷"等，皆有披毛衣皮的服饰所谓"衣着尾"、"食肉衣皮"等，即为披服时保留兽皮之尾为饰。《说文》释"尾人或饰系尾，西南夷亦然。"可见是西南少数民族常见的一种服饰披毡(氈)，是对兽毛等进一步加工之后的产物。在两千多年前的西南民族服式中，普米族羊皮披们已能看到披毡或斗篷的形制；东晋时代壁画"夷汉部曲"人物所披的氈子，和今彝族男子披的"查尔瓦"，十分相似；到唐宋时代，披氈的做工更为精美。参见邓启耀：《民族服饰：一种文化符号——中国西南少数民族服饰文化研究》，云南人民出版社，2011年，第90页。

皮招运"（ ཨེ་པགས་གཡང་འགུལ ）（图4-4）。据说以前是人皮制造而成，这主要与本土宗教有着密切的关系。内贝斯基·沃杰科维茨的著述中记载："披风大部分是用丝织成的，也有一部分是良马身上剥下的皮、秃鹫的羽毛、甚至龟壳、人头、牲畜内脏等为材料制成。"[1]可见如今所用的羊皮披风造型也具有人体的肢体形状或者披皮式尾。这点也在沈从

文先生的著述中提及："披皮式尾的服装起源可能极早，原始人为生活去追逐大动物时，至少接近到弓箭射程之内……故披兽皮留尾成为极端必要的伪装。这种伪

图4-5 普兰女性的布料披风（白玛群培摄）

装进行的捕猎活动，最富戏剧性情节，因而饰尾的服装多被保留在表演这种生活的舞蹈中，并影响着日常衣着。"[2]可见前辈学者以渊博的考古学识阐释了此类披风的起源及其功能。此外，这种披风与苯佛护法神穿着的披风也不谋而合[3]。因缺乏确凿的资料，在此不予详述。

布料披风（图4-5）：披风款式简单，大小各异，是一个长方形条

① （奥地利）勒内·德·内贝斯基·沃杰科维茨著，谢继胜译：《西藏的神灵和鬼怪》，拉萨：西藏人民出版社，1996年，第8页。

②沈从文编著：《中国古代服饰研究》，北京：商务印书馆，2015年，第36页。

③藏文文献有时强调指出，每位神灵的披风前面要打成三褶、四褶或者九褶。许多护法神穿的皮衣是由"绿狮"皮、熊皮、大头虎和豹子杂交而生豹虎的皮甚至用火风制成的皮衣，还有一种特殊的皮衣称"魔皮衣"。但在另一方面，根据藏族人的信仰，"天界魔皮"这一说法来判断，有一种魔的皮似乎也被用来作为某些苯教神灵的服装。参见（奥地利）勒内·德·内贝斯基·沃杰科维茨著，谢继胜译：《西藏的神灵和鬼怪》，拉萨：西藏人民出版社，1996年，第9页。

纹或者格子布料上端两个角处安装一对带子，有的带子处有个三角形的固定布料，绑在肩膀上。

（二）审美特征及内涵

1.色彩及图案特征

不同的披风有不同的色彩特征。最艳丽的还是节日披风，它大量运用了昂贵的材料，如羔羊皮、绸缎、丝缎、水獭皮等。而日常普通披风的材质相对容易获得，一般是成年羊皮和十字氆氇、印度手工制作的粗布。在著名藏学家图齐先生的《西藏的画卷》一书中描述道："对于佛教图案任何形象都是象征性的。我们应将这种图像诠释成，如同一部用神秘符号写成的书，惟有已接受其奥义者方可解读。"[1]从图案来看，最丰富的是节日披风。上面有龙飞凤舞，还有庭院拱桥、大树、盛开的梅花、水和云图、鸳鸯戏水等，非常丰富。山羊披风上有十字符、条纹和格子等。

2.披风的审美特征

从普兰披风的来源传说来看，最初极有可能是人皮。它象征着"惩罚邪恶。"但事实上，这是当地的气候、生活、宗教、经济等诸多因素影响之下的产物。这几类披风各有各的审美特征：羔羊披风华丽高雅，能突出穿着者的富贵。羊皮披风造型独特，清淡素雅，从背后看确实比较像倒挂的人皮。布料披风轻而飘逸，适合夏天披。

四、靴子的款式特征及文化内涵

普兰女性的靴子种类繁多，一般底高二寸，靴筒高至小腿以上。后部留有开口以便穿着，且不同季节可以穿不同的靴子，日常和节日分的很清楚。

---

[1]Giuseppe Tucci: *Tibetan Painted Scrolls*. SDI Publications. 1999.p269.

（一）款式特征

普兰女性的靴子有四种，藏语分别称"布日"（སྦྲག་རིལ）、"郭杂"（ཀོ་བཙགས）、"郭朵瓦"（ཀོ་སྟོག་བ）、"香孙"（ཤངས་ཙོམ）。其款式跟卫藏女性所穿的"松巴"(ཟོམ་པ)靴子差不多，由厚鞋底、鞋面、鞋帮、鞋带四个部分组成。

（二）审美特征

1.色彩及图案

上述这几种靴子的材质、色彩、图案各有所不同。其中"布日"和"郭杂"颜色鲜艳，无论是鞋底上的图案，还是鞋面和鞋帮上的绣花，都很美丽。

2.鞋子的审美特征

每个靴子各具特色，具有自身的审美特征。但是这几样靴子的结构和特征区别并不大，都是高帮厚底，鞋帮后面上端开衩，鞋面用不同的材质装饰，而且还绣有花纹。从外观上看，色彩艳丽美观大方，古朴高雅，透着浓重的藏民族文化气息。繁复的靴子与素雅的藏装风格迥异，但是整体上与藏装搭配的恰到好处，提升了整体服饰的美感。从材料来看，首先藏靴的材质都是纯天然原料，对人体没有任何危害。如同汉地布鞋吸汗能力强，而且藏靴所纳的底子材质都是山羊毛、麻绳、皮等，具有一定的隔离作用。穿这种鞋子行走在水泥路面上，对关节炎患者有一定的保护作用。其次，这种靴子保暖性好，靴帮后设开衩穿着也很方便。最后，从鞋底到鞋带都有一定的装饰，上面绣有四瓣花和各种图案，看见其中融入了中原元素。这种藏靴与普兰女性传统服饰相辅相成，可以是实用与美观的统一体。

这么精美的藏靴出自传统男性的手工艺人，从中可以窥见藏族男人

粗中有细的性格特征，也能感受到到他们的功夺天工。另外，从一双小小的鞋子可以看出普兰文化的丰富民俗文化内涵。

第二节 普兰女性传统美饰的特征及其文化内涵

普兰女性传统装饰不仅具有悠久的历史，而且是藏族服饰中的瑰宝，它不仅具有很强的实用功能，还具有一定的审美价值。作为西藏最古老的服饰之一，其色彩的浓淡、冷暖、强弱搭配能够使人感受到一种神秘而古老的气息。普兰妇女穿戴完整的传统服饰时，从前面看因挂满配饰而略显神秘，从后面看华丽富贵，从侧面看端庄健美。虽然配饰数量庞大，颜色众多，但是整体搭配错落有致，层次分明，色彩丰富饱满且和谐亮丽。红色珊瑚和白色银坠遮住普兰妇女的面部，显得若隐若现，给人一种神秘感，红色珊瑚为主的项圈与高原女人特有的红润肤色相衬。胸饰主要以黄金[1]或白银[2]所制的嘎乌[3]和黄色蜜蜡为主，虽然中间配有其它颜色的宝石[4]，如绿松石[5]、珊瑚、珍珠[6]、玛瑙和天珠[7]

①黄金象征世俗的权力和荣耀、王位、高贵和物质财富。详见檀明山主编：《象征学全书》，北京：台海出版社，2001年，第452页。

②银是纯洁的象征，同时还有贞洁和善辩之意。参见檀明山主编：《象征学全书》，北京：台海出版社，2001年，第462页。

③贵族妇女的饰品中还有一个最为重要的是大型项链——"嘎乌"。详见次仁央宗：《西藏贵族世家：1900-1951》，北京：中国藏学出版社，2012年，第400页。

④宝石成为精神启示、纯洁、高雅、高尚及持久的象征。并被赋予了医病疗伤和保护众人的神奇功效。详见檀明山主编：《象征学全书》，北京：台海出版社，2001年。

⑤"藏区盛产玛瑙、琥珀、绿松石等，藏族古歌和地方志中，对这类宝石异珍都有较多。"参见邓启耀：《民族服饰：一种文化符号—中国西南少数民族服饰文化研究》，昆明：云南人民出版社，2011年，第113页。

⑥珍珠是光明与女性最具表现力的象征。在中国传统文化中，珍珠是"八宝"之一，象征着珍贵、纯洁尊贵的东西。详见檀明山主编：《象征学全书》，北京：台海出版社，2001年，第476页。

⑦据藏学家图齐认为，这类被称为"gzi"的项饰艺术品最早发现于西藏早期的墓葬之中，其形似锥，上面装饰着数道环纹，环纹多为奇数，这些环纹被称作"眼"（mig），是从近东到伊

等，但是整体上的黄色刚好与深综色的藏袍巧妙地结合在一起，深色的背景更能衬托出宝石的精美和艳丽。其它颜色的宝石如同画龙点睛，更能突出胸饰的整体美感。这些配饰静态时层层垂落，环环相扣，具有整体的观赏性，而且每块配饰又镶嵌了形状各异的宝石，雕刻了各种精美的祥纹，具有很高的鉴赏价值。这些配饰在穿戴者缓慢从容的移动中，发出清脆悦耳的响声，如汩汩清泉在山岩间奔流激荡。随着"宣"的舞步飞扬，时展时收的披风，如同飞舞的彩蝶，红色的项圈和红色的藏靴上下呼应。五颜六色的袖子如同天上的彩虹，与艳丽的配饰相得益彰，尽显普兰传统妇女服饰的风华。这一切不仅反映普兰服饰独特的艺术价值，更能体现当地人的审美情趣。

"藏族是一个热爱生活、崇尚未来的民族，他们把这种理念和精神通过对服饰的装饰表现出来，可谓精神的物化、审美的物化。"①由此可见，饰是服的附加物或替代物，并随着社会文化的发展变化而日趋丰富，其中蕴含的社会文化内涵的层面也随之复杂②。

普兰女性传统服饰不仅包含了藏族服饰整体的特征，而且具有明显的民族性和区域性的特征，因此普兰深厚的地域文化造就了这里女性传统服饰背后丰富深厚的文化内涵。在种类上，服饰除衣着之外，还包括

朗和中亚最常见的一种项圈类型。（详见（意）G·杜齐著，向红笳译：《西藏考古》，拉萨：西藏人民出版社，1987年，第66页）。此外，考古学家李永宪先生认为，西藏古代的装饰中有一种形状和纹饰都很特殊的"瑟珠"，俗称"勒子"。（李永宪：《西藏原始艺术》，石家庄：河北教育出版社，2000年，第22页）。另外，在西藏墓葬考古出土的器物中，有一种藏语称之为"gzi"的料珠。这类料珠有两种形制，一种为椭圆形珠，有黑、白、棕色的条纹，其上饰有称为"眼"的白色圆斑，数目从一至十二不等。另一种为圆珠形，上有虎皮斑纹或莲花形纹饰。（详见霍巍：《论古代象雄与象雄文明》，《西藏研究》，1997年第3期）。

①嘉雍群培：《藏族文化艺术》，北京：中央民族大学出版社，2007年，第292页。

②绿松石象征"碧绿"和"圣洁"。参见，宗喀·漾正冈布《史前藏医史发展线索研究》，西藏研究，1995年，第二期。另，在民间文学中有关绿松石等装饰物记载有时是与先祖崇拜的传说相关。详见（英）F.W.托马斯：《东北藏古代民间故事》，成都：四川民族出版社，1986年。

各种物饰。考古专家认为，这类属于活动性的装饰手法，包括利用各种质地和各种形状的环、坠、牌、索等装饰物组合成串状或单个的饰件来装饰自己，生活在西藏高原的藏民族就是一个从古至今都非常注重装饰美化自己的民族①。比如，头饰、胸饰、肩饰、腰饰等附属用具。

一、头饰的特征及文化内涵

在西藏所有地方，女性装饰之中绚丽而独具特色的是女性头饰，所有饰品之中最贵重的一般也是头饰，也是整个服饰之中价值最昂贵的部分。贵族服饰研究学者认为，能够佩戴"巴珠"（ས་ཕྲུག）的是亚豁和"第本"（སྲི་དཔོན）家的夫人，其他贵族家庭的妇女均无资格②。因此，传统妇女精美的头饰不仅象征一个家庭地位和权力以及财富，也是区别于其它村落区域的重要装饰品，它反映了某个地方的服饰文化。据说西藏民主改革之前，欢度拉萨雪顿节时，没有佩戴头饰的女性禁止参加相关节日活动。此外，在藏族生活的区域具有代表性的头饰有拉萨贵族妇女③的"巴珠"（ས་ཕྲུག）、日喀则的"巴珠"或者"巴果"（ས་སྒོར）等，此类服饰术语在西藏近代史档案资料上也有记载。据阿里档案馆藏资料显示，"女性装饰主要有绿松石和珊瑚镶嵌的巴珠、嘎乌、阿果、环颈项链、发饰等金银材质打造的女性装饰一整套。"④此外，西藏近代学者根敦群培先生在著述中也有相关描述，"拉萨城中之妇女，身系

---

①李永宪：《西藏原始艺术》，石家庄：河北教育出版社，2000年，第67页。

②次仁央宗：《西藏贵族世家：1900-1951》，北京：中国藏学出版社，2012年，第400页。

③头顶上佩戴着"巴珠"，"巴珠"是一种三角形状的大型头饰，镶有珍珠和红珊瑚。而珍珠和红珊瑚质地的区别，成为家庭经济的辅助说明。"巴珠"当中还有一种叫"木第突廓"。详见次仁央宗：《西藏贵族世家：1900-1951》，北京：中国藏学出版社，2012年，第400页。

④引用部分为笔者拙译，档案资料原文如下：བུ་མེད་གཟབ་རྒྱན་གཙོ་བྱུང་སྦྱེལ་མའི་ས་ཕྲུག་དང་ག་ཨུ། ཨ་སྒོར། སྐེ་འཁྱོར། སྐྲ་སྦྱལ་སོགས་གསེར་དངུལ་ལོ་མ་ཆས་བཅས་མཐོངད་ཆ་ཚང་། ལྕགས་ལུག་ལོའི་ཟླ་10་ཚེས་འངིན་ཟ་ཐོག་རོང་སྲོང་ལ་ཞིབ་པ་ངང་རིན་ཞིག་ཆགས་ཚུལ་གྱི་བཀའ་གཏན་ནན་ཤོར་ཕྱར་ཐབ་པ་ཕྱུང་།

一踩裙（པང་གདན་ཁ་བོ་），头上戴一三角形之发架（སྐྲ་ཕྱག）。"①可见在这里提及到的西藏女性头饰主要是以卫藏贵族妇女服饰为主。西藏考古和岩画专家李永宪先生认为，在藏北晚期岩画中出现了近似"果谐"的舞蹈、妇女头上的"帕珠"形装饰物、牧人居住的帐篷等诸多与当时日常生活有关的内容②。此外，西藏西部日土县塔康巴地点发现的早期岩画中，就有不少用羽毛装饰的人物形象，这些羽饰人物形象十分怪异，其头部多呈三角形，头上插着数根长长的羽毛③。可见远古时代人们在物质生活和精神生活等方面的习俗与现今藏民族的生活文化传统之间有着历史上的源流关系④。虽然阿里普兰女性头饰"嘎旺"（སྐྲ་དབང་）等装饰品在阿里岩画中尚未出现，但从千年流传的普兰民歌中可以获取相关信息。比如，在普兰县政协委员会和科迦村委会所收集和整理的《科迦民歌荟萃》中："阿佳头顶上，阿佳头饰，叫做果旺（མགོ་དབང་）和嘎列（སྐྲ་ལེབ），故乡的点缀，异乡的看点；阿佳耳饰上，叫做绿松石和珊瑚，故乡的点缀，异乡的看点；阿佳胸饰上，叫做琥珀胸饰，故乡的点缀，异乡的看点。"⑤可见这些头饰名称早已流传在当地动听的民歌之

①根敦群培著，法尊大师译：《白史》，西北民族学院研究所，1981年，第33页。原文如下：བོད་ཀྱི་མེས་བྱེས་པའི་ལོ་རྒྱུས་ཀུན་ལ་བལྟས་ཀྱང་། ལྷ་སའི་སྲོང་ན། བུད་མེད་རྣམས་པ་གདན་ཁ་བོ་དང་། སྐྲ་དྲུག་ཟུར་གསུམ་ཞིག་ཀྱོག བཞེས་དང་འདུན་ཚོས་འཕེལ། དེབ་ཐེར་དཀར་པོ། མི་རིགས་དཔེ་སྐྲུན་ཁང་། 2015ལོ། ｒ48
②李永宪：《西藏原始艺术》，石家庄：河北教育出版社，2000年，第195页。
③西藏自治区文物管理委员会编：《西藏岩画艺术》，成都：四川人民出版社，1994年，第83页。
④李永宪：《西藏原始艺术》，石家庄：河北教育出版社，2000年，第195页。
⑤政协普兰县委员会、科迦委会（收集整理），江白主编：《科迦民歌荟萃》，拉萨：西藏人民出版社，2021年，第68页。歌词内容为笔者拙译，原文如下：ཨ་ཅེ་མགོ་ལ། ཨ་ཅེ་ཞེད་མགོ་ལ་འདོགས་པ། མགོ་དབང་ཞེར་དཀར་ཞིག རང་ཡུལ་གྱི་ཚོ་བྱེད་ཡིན། མི་ཡུལ་གྱི་ལྟད་མོ་ཡིན། ཨ་ཅེ་ཞེད་སྐྲ་ལ་འདོགས་པ། སྐྲན་གོང་ཟེར་ག་ལུན་བྱུར། རང་ཡུལ་གྱི་ཚོ་བྱེད་ཡིན། མི་ཡུལ་གྱི་ལྟད་མོ་ཡིན། ཨ་ཅེ་ཞེད་དང་ལ་འདོགས་པ། བུང་ཁ་ཟེར་སྤོས་ཤེལ། རང་ཡུལ་གྱི་ཚོ་བྱེད་ཡིན། མི་ཡུལ་གྱི་ལྟད་མོ་ཡིན། ཞེས་འཛིན་དཔལ་གཏོ། སྐྱིག་འཕོར་ཚགས་ཡུལ་གྱི་སྐོལ་རྒྱལ་སྐྲ་གཀར་ཀུན་བཏུན། བོད་ལྗོངས་མི་དམངས་དཔེ་སྐྲུན་ཁང་། 2021ལོ། ｒ68

中。与此同时，每个地方头饰的风格都是别具一格的，因此头饰就成为穿戴者所属部落的身份标志和家庭财富的标志[1]。

（一）款式特征及内涵

虽然藏族聚居区最典型的几个头饰形状各异，结构不同，但是制造头饰的材质大同小异，都是金银珠宝，其中白色珍珠和红色珊瑚的使用比较多。普兰女性头饰有两种，即"嘎旺"和"吉乌"。其中"嘎旺"主要由月牙形的珠冠、额顶饰、脑后背饰、鬓侧垂饰四个部分组成。

1.月牙形珠冠（图4-6）

据国内考古发掘头面装饰品发现，"惟妇女额前有一弯月形装饰。"[2]这与阿里普兰女性头饰的主体部分形状相近，因为普兰女性饰于头顶部，形似一个弯弯的月亮。它以牛皮为外皮，红布作为底衬，头饰中间用两根带子系在头上。从顶端到下部依次嵌15排珍珠，每排有珍珠150至160多粒。最大弧度的珍珠的中间显眼处有一个金制的镶有绿松石的圆形装饰物，第7和8排珍珠中部有4个纽扣大小的金块，用6个绿松相隔，其中外边两个像纽扣，上

图4-6普兰女性的月牙形珠冠（笔者考察时拍摄）

---

①维尔瑞·雷诺兹：《鲜为人知的世界：藏族服饰和织物》，引自熊文彬译：《西藏艺术：1981–1997年ORIENTATIONS文萃》，北京：文物出版社，2012年，第11页。

②沈从文编著：《中国古代服饰研究》，北京：商务印书馆，2015年，第28页。

面还有花纹，里边两个是纯天然圆形金每一块有黑豆那么大。其服饰主人卓玛拉姆说："关键是三块金子很难寻找到，必须要天然形成的装饰物，而不能用人造的劣质品。"①

自古藏族先民崇拜日月星辰，希望自己的生活如同上半月的月亮一样日益向好的方面发展，所以喜欢用日月的形状来装饰自己和居住的地方。研究者认为："日月符所产生的文化背景、反映的文化心态，应该与藏族先民的日月、光明崇拜以及生殖崇拜相关，并反映了苯教'男女为天地之伦，天上日月为阴阳，人间男女为阴阳'的宇宙观。"②这一观点在普兰妇女头饰顶部有一个很小的太阳形状的中间镶有绿松石的圆形装饰物，下边有象征月亮的金豆和半月形的绿松石方面具体呈现。19世纪末在印度学者艾哈默得·辛哈的旅行记《入藏四年》中记载："从靠近鬓角毛毡的那部分起，在两边有半月形的布的垂片，用皮镶着边；它们从头发下穿过，遮住了耳朵。这个头型叫做佩亚科③（ འེ་རག Perak④）。一个妇女的所有财富均浓缩在这之上。一个西藏人一眼从佩亚科的成本，估计出一个妇女的富裕程度。"⑤头饰的组成虽然很复杂，但是整体上错落有致。

---

①田野访谈资料。2015年7月29日中午，在阿里普兰县普兰镇科迦组访谈卓玛拉姆（女，藏族，35岁，农民）

②杨清凡：《藏族服饰史》，西宁：青海人民出版，2003年，第236页。

③这服饰术语跟阿里札达、日土的当地人头饰称谓相同。

④The women wear their hair in two long pigtails, a style also followed by some men.They top the ensemble with a top hat or perak which somehow remains firmly balanced, perched on top of their heads.The traditional perak has three, five, seven or nine lines of turquoise, according to the rank of the wearer.Only the very richest and royal of families could wear nine lines.When the woman dies the perak passes to the eldest child in her family. Shoes, known as papu, are made of woven yak hair or wool, often gaily decorated, with a sole of yak leather. Although many men are abandoning their traditional dress for western clothing, the women still predominantly wear their colourful local dress.

Margret, Rolf Schettler,Kashmir, *Ladakh & Zanskar — a travel survival kit*,Singapore National Printers Ltd,p134.

⑤艾哈默得·辛哈著，周翔翼译：《入藏四年》，兰州：兰州大学出版社，2010年，第57页。

头饰上有各种精美的图案。每块金银的形状各异，有梯形、方形、花瓣形、圆形、心形和六角形等，上面雕刻多姿的花纹，有莲花纹、梅花、水纹、云状纹、螺旋纹、宝瓶和金鱼等藏族传统装饰艺术[①]的图案。

2.脑后背饰（图4-7）

与头饰相连，从上到下成梯形，分四个部分，最上部两个角有一对金制的三角形[②]或者三个花瓣，下方有十几排绿松石用三个金银制作的梯形片相隔，最下面是一个四边形的铜制。第一部分有3排或4排松石，每排大颗粒到小颗粒排列的有4个、5个、6个、7个或小颗粒到大颗粒排列的有7个、6个、5个、4个总共大小不等的有19至20几个。下边是最大的梯形，是用金子制造的上面还有梅花花纹，周边是做工精细的卷草纹，边框是云纹，上底宽度大概10厘米，下底宽度大概7厘米；第二部分有4排绿松石，每排大颗粒到小颗粒有4至7个，共有大小不同的22至24颗；下面是银制的梯形，上面有莲花花纹，花的中间部分是金鱼，周边是精美繁复的花枝，边框是云纹，它的上底宽度大概9厘米，下底宽度5厘米；第三部分有四排大颗粒绿松石，每排4个、4个、3个、3个，共有14颗；金制的梯形上面有含苞待

图4-7普兰女性的的脑后背饰 （拉巴欧珠摄）

[①] 仁青巴珠：《藏族传统装饰艺术》，拉萨：西藏人民出版社，2005年，第160页。

[②] 法国藏学家海瑟·卡尔梅女士认为：三角形大翻领对襟束腰长袍是中亚或西亚草原骑马民族的服饰。因此，三角形在藏族服饰上出现已有悠久的历史物证。详见（法）海瑟·卡尔梅：《7-11世纪吐蕃人的服饰》，《敦煌研究》，1994年第4期。

放的花苞花纹，周边是相互缠绕的枝叶，边框是云纹，上底宽度大概11厘米，下底宽度大概13厘米；第四部分是一个大的绿松石和一个金子制造的6角花形，它是这几个金属饰品之中最精致的一个，中间突出一个镶有绿松石的圆形，周边镶嵌了11个心形绿松石围绕，周边装饰有三圈串珠样的金线，最外边四个角处有圆圈，每个圆圈中间镶嵌有一个心形蓝宝石，这四个角上还嵌有蓝宝石的三个花瓣。在天然形成的金块的两旁，有两个人造金块，每块有蚕豆那么大，下部还有镀银的金5块。最下面有两根线绑在腰间。可见制作一件完整的服饰，颇为费工费时，并不是短期内所能制作成的。

3.额顶饰（图4-8）

藏语称"吉例"（ཞྭ་ལེབ），分四个层次：最上面是4到6个黑豆大小的珊瑚珠子，大概有13串到17串个不等。下面是大约宽4厘米，厚3厘米的长方形金制水纹饰品。它与两端各有一个黑豆大小的珊瑚，中间部分有5个黑豆大小的银珠衔接。下面还是跟上述的一样的金制水纹饰品，又连接上了上下两个红珊瑚珠子，中间有7个银珠的珠串；每串珠子末端又挂有树叶形状的小银片。戴在头上时刚好可以遮面部，相当于面罩。这个面罩与婚庆新娘服饰的起源说法刚好吻合。佩戴这个头饰时只要稍稍晃动，宝石和银片轻轻的撞击，就会发

图4-8普兰女性的额顶饰（拉巴欧珠摄）

出清越的响声。这种配饰当地称之为"洽洽"（ཆབ་ཆབ），象征当年求雨、来年丰收圆满。虽然很难从藏文解读此名称，但依据敦煌文献的古藏文记载中也有类似的词语出现。据根敦群培的《白史》中记载："居住河之彼岸，藏布江之彼岸，人子则人子，实际乃天子，愿为明君使，愿得好鞍鞯"[1]（ཆབ་ཆབ་ནི་ཕ་རོལ་ན། ཡར་ཆབ་ཀྱི་ཕ་རོལ་ན། ཕྱིའི་བུ་ནི་ཕྱིའི་བུ་སྟེ། ལྷ་ཡི་ནི་སྲས་པོ་བཞུགས། རྗེ་བདེའི་གྱིས་ནི་བཀོལ་དུ་དགའ། སྒ་བདེའི་གྱིས་ནི་བཟེད་དུ་དགའ།）。对古藏文的阐述根敦群培大师早已作注释，比如，愿得好鞍子（སྒ）而备在身上。"སྒ"这一词又会出现在普兰女性头饰的名称上，即嘎旺（སྒ་དབང་）和嘎列（སྒ་ལེན）等术语必有其来由，有待进一步考证。此外，上述装饰在蒙古王室女性的帽檐上的银坠上也有所体现。这种装饰形式，在内蒙古某些早商墓葬的头骨上也有发现，其中以傈僳族压在前额发上的贝带饰[2]。有方家认为，这类装饰和此后从商代开始的帽筐式冠饰以至明、清的遮眉勒子可能是一脉相传。另外从象征学角度而言，这种遮脸的貌似面纱的象征含义，即具有遮住了自己面貌，隐蔽的象征[3]。

4.鬓侧垂饰（图4-9）

可以分为两种，一种直接用一个银钩子分别系在月牙形珠冠两侧，长约有10厘米，挂上去可以垂到腰部，材质以珍珠为主，中间配有珊瑚和绿松石。这两个坠子是由五个部分组成，最上面是金钩子，下来是四条珊瑚串珠上下用三块方形带有花纹的金块隔开或者连接成两个部分，并且这四条珊瑚串珠排列在一个平面上，中间是镶有绿松石的三块大小不同心形金块从大到小串在一根线上，其下面是十几个珊瑚和玛瑙珠

①根敦琼培，法尊大师译：《白史》，西北民族学院研究所，1981年，第36页。
②沈从文编著：《中国古代服饰研究》，北京，商务印书馆，2015年，第25页。
③檀明山主编：《象征学全书》，北京：台海出版社，2001年，第458页。

子的从小至大串起来的
一条串珠，最下面分叉
为三条珍珠串珠，每个
串珠底端串一个珊瑚珠
子。这对坠子有两条长
30厘米的珍珠链子从脑
后连接起在一起。耳坠
分为四个部分，总长度
大概有15厘米。最上面

图4-9普兰女性的鬓侧垂饰（拉巴欧珠摄）

是四、五串白色珍珠，串两边用红色珊瑚隔开，中间是一个大块绿松
石，下面还是和上面一样有四、五串白色珍珠两边同样有两个大珊瑚，
最下面是红色的丝绦点缀。这种耳坠平时也佩戴，普兰周边很多地方仍
然有很多人佩戴这个耳饰。无论哪种耳坠，都有古代藏族美饰的烙印，
吐蕃时期的甘肃敦煌石窟壁画①和青海都兰吐蕃墓②上的藏族贵族及随
从，所留发式，即为双垂髻发。

　　另一种头饰原本是脖圈，用来装饰颈部。这类饰品在人体装饰艺术
中称之为颈项，即颈项是人体最宜于安置装饰部位，因此颈项所戴装饰
也最丰富。③但在节日简装时也用来装饰头部，如今这已经成为城镇女
性之中时尚流行的头饰。尺寸大概有五指宽，大约有20厘米长，外面是
红色牛皮，里子是红布，有9串长度相同的红珊瑚串嵌在底衬上，珠子
中间还有3　块金制的长度约5厘米，宽度约4厘米的饰品。方形饰品中间

　　①竺小恩：《敦煌服饰文化研究》，杭州：浙江大学出版社，2011年，第160页。
　　②北京大学考古文博学院、青海省文物考古研究所编著，更关加译：《都兰吐蕃墓》（藏文），
西宁：青海民族出版社，2021年，第307页。
　　③（德）格罗塞著，蔡慕晖译：《艺术的起源》，北京：商务印书馆，1987年，第72页。

镶有椭圆形的绿松石，四个角上还各镶有一颗绿豆大的绿松石。3个方形装饰物之间的中部竖着排列绿松石，中间方形饰品上下两端各嵌有一个绿松石。脖圈末端角各有两根绳子绑在头上或者脖子上面。比月牙形的珠冠相比更加简便美观，造价也便宜。

（二）审美特征

头饰的组成虽然很复杂，但是整体上错落有致，简洁大方。头饰上有各种各样精美的图案。每块金银的形状各异，有梯形、方形、花瓣形、圆形、心形、六角形等。上面镶嵌婀娜多姿的花纹，有莲花纹、梅花纹、水纹、云状纹、螺旋纹、宝瓶纹、金鱼纹等。头饰最顶部还有一个很小的太阳形状的中间镶有绿松石的圆形装饰物，下边有象征月亮的金豆和绿松石的"半月形状"①。这在西藏有着比较特殊的象征含义。比如，"许多护法神还穿长披风，这种披风用丝制成。有时也穿半月形披风。"②从远处看珠冠犹如展翅飞翔的雄鹰豪放大气；从侧面看又像牦牛的牛角，有阳刚之美；从上面看像月牙光滑典雅；从前面看如同丝丝春雨显得神秘高贵；从背面看犹如孔雀开屏华丽美观。随着穿戴者移动步伐，额前银坠来回摆动，发出清脆的响声，如同林间飞流下来的瀑布，遮住女性整个面部，忽隐忽现美丽而神秘。

此外，"头上戴的叫'嘎旺'外观像帽子。据说是按孔雀开屏的样饰做成。"③的确如此，铺在地上确实能够感受到孔雀娇艳美丽的特征。这一切既反映出普兰人民对自然界的热爱和对美好世界的向往，也

---

① "有时也用太阳、月亮作为象征物，或者用雷石装饰这些头冠，还要在头冠上面扎一些树的花朵。"引自（奥地利）勒内·德·内贝斯基·沃杰科维茨著，谢继胜译：《西藏的神灵和鬼怪》，拉萨：西藏人民出版社出版，1996年，第13页。

②（奥地利）勒内·德·内贝斯基·沃杰科维茨著，谢继胜译：《西藏的神灵和鬼怪》，拉萨：西藏人民出版社出版，1996年，第9页。

③普兰县地方志编委员会编《普兰县志》（内部资料），2010年，第378页。

充分反映出他们丰富的想象力和与众不同的审美情趣。他们能够从小小的头饰上表现出自己的生活追求和对大自然的热爱，表现出他们超脱的审美观。从深层次上来看，这些象征反映出当地独具特色的地域文化。西藏最原始宗教文化的崇尚大自然，如蓝天、白云、日月、细雨等在头饰中体现。这些都是人们对大自然的热爱和无尽的崇拜。另外，"具有装饰意义的'串饰'离不开这类工具和技巧产生与发展，因为串饰本身也正是从便于携带的成串小型工具逐步演化而成的。"①这一特征正好在普兰女性传统美饰中体现的相似性很大，尤其在女性的串饰形成方面更加明显。

（三）女性头饰的地域分析特征

普兰女性头饰既具有藏族共性特征，又在特定的区域形成了自身独特的地域特征，成为代表西藏西部地区的重要头饰。在藏族聚居区不同地方有不同的样式、不同形状、不同艺术特征的头饰。如西藏中部头饰叫"巴珠"（图4-10），是一个形似"人"字的饰物，将分叉的一方朝前固定在头顶。"巴珠"上缀满了珊瑚和玛瑙、翡翠、珍珠等名贵的宝石，最上面扣个大碗大小的珍珠帽子。两侧还有30厘米长的坠饰，藏语称之为"阿果"（ཨ་ཀོར་རས་ལ་སྒྲོར）②。头饰藏语则称"藏巴巴珠"（གཙང་པ་སྤྲ་ཕྱུག）③，主要有一圈珊瑚头饰，上面有半圆弧型的部分挂满一串串珍珠。牧区的头饰是珠宝直接绑在发辫之上。这一辫发在早期岩画时期已有出现，正如李永宪教授所述："藏西、藏北岩画中人物形

①于民：《春秋前审美观念的发展》，北京：中华书局，1984年，第8页。
②引用部分为笔者拙译，档案资料原文如下：བུ་མེད་གཙང་རྒྱལ་ཁ་ལུ་ཕྱུར་སྲེལ་བའི་སྤྲ་ཕྱུག་དང་གཅུ། ཨ་སྒྲོར་ སྲེ་ཕྲེང་། སྣ་སྣ་ལ་དགོས་གནས་དངུལ་འི་ཆས་བཞས་མཛོངས་ཆོན། ཞེས་པ་དང་རེས་ཡིག ཚོགས་ཚུལ་གྱི་བཀའ་གདན་ན་དཔེ་ནེན་དོན་ལྟར་ཕ་བཤུས་བྱས།
③日喀则一带的人藏语称之为"藏巴"，女性所戴的头饰叫"巴珠"，合起来称为"藏巴巴珠"。

象也有'辫发'者和被'被发'长飘者，其猎人或牧人的服装也多为裙袍式的皮毛长衣，与文献记载'羊同'的'辫发毡'等人文特征十分相似。"①普兰头饰与西藏其它地方的头饰相比具有它自身独到的特征，也具有其它地域特色的头饰基本特征，如材质都是珍贵的金银珠宝，有一个珠冠，旁边还有两个长坠。

另外，这个头饰相连着美丽而简单的背饰，它避免了牧区繁琐背饰佩戴时的复

图4-10卫藏妇女服饰的"巴珠"头饰
（西方学者拍摄）

杂程序，也保护了披风上的绸缎。佩戴头饰，背饰也代表了美好的理想。它也有自身独特的形状、寓意、神秘感以及审美韵味特征。在结构上与其它地域的服饰相比有明显的差别。如与札达底亚女性头饰相比，除了额顶饰相似，外形上更讲究线条的流畅性和实用性；与尼泊尔藏族妇女头饰②（图4-11）相比，普兰女性头饰的寓意更加神秘，还有拉达克藏族妇女的头饰形状一目了然，直接是眼镜蛇的形象③，据说象

①李永宪：《西藏原始艺术》，石家庄，河北教育出版社，2000年，第194页。

②（德）汉内洛蕾.加布里埃尔：《尼泊尔的首饰》，魏慈尔出版社，1999年，第122页。
（Hannelore Gabriel, *The Jewelry of Nepal*, Weatherhill, Inc. of New York and Tokyo.1999.p.120.）

③The women wear their hair in two long pigtails, a style also followed by some men.They top the ensemble

征着永恒的时间轮回①。
而普兰头饰各个角度有
不同的象征和不同的形
状，因而其文化内涵更
深刻。与后藏"巴果"
相比，虽然形状和材质
比较接近，尤其是后藏
的"巴果"和普兰"吉
乌"佩戴比较相似，但
是在做工和形状上普兰

图4-11尼泊尔藏族女性服饰的头饰（西方学者拍摄）

女性头饰更加精美大方，具有更为明显的地域特征。孔雀河边的普兰人
模仿孔雀开屏的美丽形象创造了普兰地方特有的精致头饰，体现了当时
普兰王国的富裕强大，反映了孔雀河流域的高度文明，但这并非以"孔
雀服饰"而流传于当地民间。反而，由于政治、经济、宗教、文化、地
域等多重因素影响下，使得普兰女性头饰具有了西部特有的地域文化特
征，并且世世代代保存原有形制。

with a top hat or perak which somehow remains firmly balanced, perched on top of their heads.The traditional
perak has three, five, seven or nine lines of turquoise, according to the rank of the wearer.Only the very
richest and royal of families could wear nine lines.When the woman dies the perak passes to the eldest child
in her family. Shoes, known as papu, are made of woven yak hair or wool, often gaily decorated, with a sole of
yak leather. Although many men are abandoning their traditional dress for western clothing, the women still
predominantly wear their colourful local dress.

Margret, Rolf Schettler,Kashmir, *Ladakh & Zanskar — a travel survival kit*,Singapore National Printers
Ltd,pp134.

① （德）施勒伯格著，范晶晶译：《印度诸神的世界——印度教图像学手册》，上海：中西
书局，2016年，第155页。

（四）普兰女性头饰之中蕴含的民俗和宗教文化内涵

普兰女性头饰有丰富的民俗文化内涵和宗教文化意义。普兰女性头饰充分体现了藏族原始崇拜自然万物的宗教特征，也充分反映出普兰曾经是古象雄文化的中心地带以及佛教传入西藏的重要地理位置。每个饰品之中包含着浓郁的宗教特征，充分体现了崇尚自然的喜好特征。例如，镶嵌在头饰上的珠宝有蓝色的绿松石，白色的珍珠和银子，黄色的金子，红色的珊瑚。这些分别代表蓝天或者绿水、白云或者雪山、黄土地，红火等。还有珠冠之中的日月，这些不仅仅是当地人民的宗教信仰，而是已经成为整个西藏的文化风尚，是藏民族普遍推崇的共性特征，这里的人们通过头部装饰来反映崇尚自然和热爱自然美好的心理，进而成为了普兰本地特有的宗教文化载体。

头饰额顶银坠象征了细雨蒙蒙，其中蕴含着人们求雨的美好愿望。而头饰的珠冠形状像月牙，佩戴上以后又像展翅的大鹏鸟，这与西藏苯教文化中崇拜日月和穹鸟有关，人们相信大自然中的日月和苯教崇拜的穹鸟可以给他们带来某种神秘的力量。根据实地调查显示，这种头饰的形状象征着月亮，也有人认为象征着牛角。藏族学者才让太教授认为，与吐蕃赞普相比，象雄十八国王以名目繁多的"甲茹"为标志，成为象雄文化独特的内容之一。"甲"（ཇ）即鸟，这里特指"穹"鸟。"茹"即角，合起来就是"穹鸟角"，这是古象雄王国帽子上表示他们权威的一种装饰①。此外，笔者在走访岗底斯山藏族医学校普布加参学者阐述："有关象雄的史料记载了很多象雄国王都头戴牛角形头饰，其称之为'甲茹坚加布'（ཇ་རུ་ཅན་གྱི་རྒྱལ་པོ），现如今普兰女性服饰戴的头饰

---

① 才让太：《再探古老的象雄文明》，《中国藏学》，2005年第1期。

则开口朝下，倘若倒着看则像牛角。"①可见普兰女性传统头饰部分，蕴含着象雄文化的遗存。

另外，头饰上镶嵌有吉祥八瑞相②中的宝瓶和金鱼，头饰上的金银饰品上雕有精美的莲花和梅花纹、金刚锥花纹，也能看出佛教文化的深深烙印。这个服饰之中隐含着许多的宗教文化和人们对美好事物的追求和象征。西方学者也认为："人的一切修饰打扮的动机，就在于他自己的自然形态不愿意听其自然，而要有意加以改变，并在这样改变上，刻下了自己内心生活的烙印。"③因此，普兰女性头饰集民族文化价值、实用价值和审美价值为一体，具有深厚的文化内涵。

二、胸前配饰的特征及其文化内涵

（一）胸饰构造

完整的普兰女性胸饰主要分三个部分，宝石和饰品佛龛串起来的项链，其它宝石串在一起的项链，以及月牙形肩饰的前部分。一至两个带有饰品佛龛的珊瑚绿松石项链。一般胸饰的项链有四个，单独的只有一至两个，其材质主要由红珊瑚，绿松石，天珠组成。珠子中间有银制的法轮形状银圈。项链长度大概有20cm。珠子大的有一颗桃子那么大，小的犹如核桃壳那么小。一般直接挂在脖子上，平时也佩戴。这些贵重的饰品为西藏贵族妇女所佩戴的重要装饰品。藏族学者次仁央宗女士以她的亲身经历和研究成果来阐述："作为饰品的'嘎乌'主要有两种，金子制成的精致小盒，镶有各种宝石，链子由许多珍珠串成珠线，间有猫

---

① 田野访谈资料。2016年9月4日上午，在阿里普兰县巴嘎镇岗萨村访谈普布加参（男，藏族，45岁，藏医医生）

② 在佛教传统中，象征好运的八瑞相代表释迦牟尼得道时伟大吠陀教众神敬献他的供物。参见，Robert Beer,*The Handbook of Tibetan Buddhist Symbols*,Shambhala Publication,2003,p1.

③（德）威廉·弗里德里希·黑格尔著：《美学》（第一卷），北京：商务印书馆，1981年，第39页。

耳石、红珊瑚等珠宝。还有一种三联合‘嘎乌松准’，是金子制成的三个小盒子，由珍珠线串在一起而制成。这种饰品和腰饰一样，要与盛装相配。与‘嘎乌’相配合的饰品是一种叫‘给陈’的由金子、珍珠和宝石等制成的挂件，是用来专门点缀‘嘎乌’的。"①由此可见，普兰女性的胸饰统称为"嘎乌"，但以不同形状的出现则命名也不同，从而形成具有地域特色的装饰品种。

另外，通过普兰女性传统服饰穿戴的胸饰和尼泊尔宁巴女性胸饰的对比显示，普兰女性胸饰以护身和装饰双重文化功能为主。汉内洛蕾·加布里埃尔女士在《尼泊尔的首饰》中道："藏族村落女性穿戴珍贵胸饰主要是护法和装饰为主。"②另一种胸饰是饰品佛龛为主的项链，前三种比较常见，第四种不是很常见，在此不做赘述。普兰服饰的象征性具体体现在色彩、纹样和饰品中。黑格尔曾指出："象征在本质上是双关的或模棱两可的。"普兰女性饰品材质珍贵，都是金银珠宝，缝在以牛皮为外皮、用不同形状的红布作底衬的布料上，成为头饰、肩饰和围脖等。还有细长的红布或者红黑相间的羊毛线绑带。头饰和肩饰用不同形状的金银块和珠宝制作，其中白色珍珠、红色珊瑚、绿松石和贝壳珠子等用的较多，另有银珠和银链。围脖主要是以红珊瑚为饰品所制，中间配有一些绿松石。耳饰有珍珠、红珊瑚、绿松石和形状各异的金子；胸饰以金制为主，配以红珊瑚、绿松石和金色珍珠；腰饰有白海螺、蜜蜡、珊瑚、贝壳珠、玛瑙等。如此缝制的五彩大褂象征着美丽的彩虹，它代表自然界的五种元素：金、木、水、火，土，象征着运气、福气和

---

①次仁央宗：《西藏贵族世家：1900–1951》，北京：中国藏学出版社，2012年，第400页。

②（德）汉内洛蕾.加布里埃尔：《尼泊尔的首饰》，魏慈尔出版社，1999年，第122页。（Hannelore Gabriel,*The Jewelry of Nepal*,Weatherhill,Inc. of New York and Tokyo.1999.p.122. Tibetan groups value amber beads in necklaces for their protective and decorative qualities. ）

吉祥等，如同五彩经幡。另一种胸饰是"嘎乌"①，即以佛龛为主的项链。其中椭圆形的叫作"斯吉"（གཟེར་འབྱིག）②，圆形的叫作"果果"（སྒོར་སྒོར）③，方形的叫作"朱熹"（གྲུ་བཞི）④。椭圆形饰品佛龛，大小有猕猴桃那么大，盒面形状是扁椭圆形，上面是银制的圆柱形穿线筒，下面是中间圆柱两头圆锥的银质装饰。主体中间镶有一个心形绿松石，周边嵌有四对金鱼，叫作"斯吉"的饰品佛龛两边串有绿松石和珊瑚以及天珠等名贵宝石，每个珠子之间用一个细细的银圈隔开。饰品佛龛挂在最上面。圆形饰品佛龛主要材料是银子，直径大概有7厘米，中间部分为金子，最中间镶有一个绿松石宝瓶，周边是1厘米宽的一圈金刚纹，金刚纹四周嵌有三圈拧过的银丝。主体盒面上有四个直径3厘米的圆筒排在一起作为穿线孔，下面是直径为2厘米左右的三个圆筒，两边是一对弯弯的圆锥。它的上下是两条串有绿松石和珊瑚以及天珠等名贵宝石的项链和一条白珍珠项链，下面右边圆锥上还挂着腰饰部分的红珊瑚串珠，佩戴时这个串珠的下端挂在左边的圆锥上，弯着的圆锥防止珊瑚串珠滑落。它佩戴在"斯吉"下面。

方形饰品佛龛：以金银为主要原料，长约12厘米，宽约5厘米。圆形中间部分是菱形的金片，中间镶有一个拼接而成的绿松石宝瓶和金片的盖子，四边镶嵌了线条流畅的藤树花纹的三角金片，盒面是方形金刚

---

① "嘎乌"（གའུ）是藏族的一种佩饰，它的第一功能是对服饰和人物形象的装饰。第二功能是藏族人相信它里面所放的佛像和经文等神物，有助于辟邪和除灾。第三功能它的实用性主要是由其内置物所决定，因为里面存放了一些实用性的物质，使之有了某种实用的功能。详见增太加：《浅析藏族佩饰"嘎乌"的造型及文化功能》，引自罗桑开珠、周毛卡主编：《红珊瑚与绿松石—藏族服饰论文集》，北京：中国藏学出版社，2016年，第322-323页。

②斯吉（གཟེར་འབྱིག），普兰妇女传统服饰上穿戴的胸饰名称，形状为圆形二镀金合成。

③果果（སྒོར་སྒོར），普兰妇女传统服饰上穿戴的胸饰名称，圆形用纯银打造。

④朱熹（གྲུ་བཞི），普兰妇女传统服饰上穿戴的胸饰名称，方形，用金银合成。

锥，其周边嵌有十几根细银丝，四个边上各嵌有两个对称①的心形绿松石，四个角的顶端还各有三个黑豆大小的银豆。盒面上边有四个宽度有3-4厘米左右的圆筒，用来穿线。下边有三个突出的圆筒两边是牛角状，是对称穿线筒的装饰物。单独用白绳子挂在脖子上，佩戴在最下面。

（二）审美特征

胸饰之中有方形、圆形、椭圆形的饰品佛龛，这些饰品佛龛上镶嵌的图案主要有宝瓶、心形、对金鱼、金刚锥等。这些错综复杂的胸饰错落有致的排列在胸前，很讲究佩戴的顺序和位置，一般椭圆的饰品佛龛在最上面，下面佩戴圆形的饰品佛龛，这两个佩戴位置偏左，方形一般在胸部正中间，跟右肩上的月牙形肩饰搭配的恰到好处。远看华丽而美丽，如同一朵朵五颜六色的鲜花盛开在胸前。不同形状的金属饰品佛龛耀眼夺目，上面的花纹精美绝伦，使得这个古老的服饰更加鲜活美丽。（见图4-12）。

图4-12普兰女性古老的胸饰（民间提供）

①李永宪：《西藏原始艺术》，石家庄：河北教育出版社，2000年，第67页。

（三）胸部配饰的文化内涵

普兰人民自古以来都有佩戴胸饰的传统习俗。据四五千年前的昌都卡若文化遗址中挖掘出的"珠、项饰、牌饰和垂饰；质料则有石、玉、骨、贝等"[①]，这说明距今几千年之前的西藏先民就有佩戴珠宝项饰的习俗，因此边城普兰的妇女们佩戴胸饰习俗也有相当长的历史渊源。一千年多前，古格壁画之中的普通女性胸前即可见到密密麻麻的胸饰项链。从胸饰的材质来看，一般都是珊瑚、绿松石、天珠、玛瑙、珍珠等，中间还佩戴饰品佛龛。这些是整个藏民族共同的特征，这里的胸饰在满足藏民族共同特征之处，也经形成了自身独到的地域特征。相对于拉萨、山南、日喀则等地胸饰，普兰的胸饰更加丰富多彩，项链数量也更多。更为突出的是，普兰女性胸饰的饰品佛龛数量和形状众多，这里依然保留了几种形制历史悠久的饰品佛龛样式，而如今有些藏族生活区的百姓最多佩戴两个饰品佛龛。普兰女性胸饰样式也变得更加华丽和复杂，如近代拉萨、山南等地的饰品佛龛已经变成六角形或者八角形。普兰女性传统服饰最独特的是右肩上悬挂的月牙形饰品，这种装饰风格在普兰之外的地方比较罕见。它不仅仅是胸前的点缀，更是一个重要的肩饰。

胸饰中更多的体现佛教信仰，三种不同形状的饰品佛龛就是最典型的佛教信仰之物。藏族人认为佩戴饰品佛龛可以保护自己不受鬼魅的侵害，起到辟邪的作用。但是由于饰品佛龛的造价昂贵，能够佩戴的人还是有一定财力的人。因此，同样具有辟邪作用的珊瑚、绿松石、天珠等天然珠宝成为了藏族民众普遍佩戴的装饰物，而这些装饰物不只是一种审美的需求，更多的是人们对这些灵物寄予护身的期望。

从普兰奢华的胸饰中可以侧面反映出当地经济状况以及当地人对服

[①]西藏自治区文物管理委员会编：《昌都卡若》，北京：文物出版社，1985年，第145页。

饰保护和传承的努力。仅从胸饰就可以看到普兰女性传统服饰的奢侈水平，一串串宝石项链和金银饰品佛龛，以及与头饰差不多精美的胸饰。从饰品佛龛的形状上来看，11世纪的古格壁画（图4-13）中就有女性胸前佩戴了如今普兰女性的同款椭圆饰品佛龛，而且佩戴三个。另外桑耶寺壁画之中18世纪的卫藏女性也佩戴圆形和方形的饰品佛龛。这些饰品佛龛的年代久远，这套服饰其实是世代的财富积累后精心保存下来的。因此，见过这种服饰的人都惊叹不已。西藏民主改革前夕，拉萨等地早已流行八角形的饰品佛龛，但是这个并没有影响到西藏西部边境的普兰。

图4-13古格壁画上的女性服饰
（古格瓦·旦增平措摄）

三、肩饰的特征及文化内涵

（一）肩部美饰特征(图4-14）

月牙形肩饰饰于左肩，形似弯月，跟头饰的形状和结构、材质都相像，只是比头饰稍微小些。同样以牛皮为外皮，红布作为底衬，里面有两根带子：一根从腋下穿过绕过来，另一根从肩膀绕过来一起系在颈后。肩饰边缘嵌有珍珠12排，每排有珍珠80至100多粒，最外侧的一排珍珠中间镶有一颗蚕豆大的绿松石，第五排中间嵌有两条大约长5厘

米，宽2厘米的金块，中间又
用三块绿松石相隔。接下来
就不完全是珍珠了，中间部
分分两侧分别嵌有一个梯形
金块，中间排列有大拇指头
大的绿松石，每排有数量、
大小不一。四排绿松石之后
又是下一个梯形大金块，它
的最宽处大约有25厘米，长

图4-14普兰女性服饰的肩饰（拉巴欧珠摄）

有13厘米。长度从肩部到腰部；下面还有4排绿松石，每排有四个蚕豆
大小的绿松石；其下有一个方形带花纹的银块，它的下面有三个蚕豆大
的绿松石，最下面是金制的圆形花边的中间镶有绿松石的饰品。月牙形
的顶端也有银坠，只是比头饰的短两节，数量也少并分三层，第一层是
珊瑚珠子，第二层是银链，下端是树叶状的银片。佩戴时肩饰的前面部
分月牙和四分之一挂在左半边胸前。这个独具特色的肩饰形状和构造与
头饰相像，但是在细节上有诸多不同点。如前面的垂饰，上面装饰的珠
宝数量，尺寸大小不尽相同。最大的区别是佩戴的位置，一个在头上，
一个在肩上。金克木先生阐释："许多零星的似乎彼此不相关连的小
事，其实往往是社会文化大系统中的构成部分，彼此大有关系。"[①]可
见肩饰和头饰为何彼此搭配是必有其原因。

（二）肩饰特征及文化内涵

肩饰最大的特点是可以同时装饰前胸、肩膀和后背，具有一物多用

---

①金克木：《记<菊与刀>——兼谈比较文化和比较哲学》，《师道师说》，北京：东方出版
社，2013年，第280页。原载《读书》，1981年第6期，第112页。

的特点，是一种实用和审美相结合的典型饰品。比起后藏的肩饰，普兰女性传统服饰中的肩饰更加华丽大方，实用性和装饰性更强。后藏有些地方左右两边都有肩饰，或者只有左边有肩饰。而普兰女性肩饰都佩戴在右肩上，佩戴比较简便。普兰女性肩饰上有方形、三角形、菱形等不同形状的金银装饰物，这些金属装饰物上镶嵌着美丽的花纹和图案。藏族传统几何图案丰富，但不凌乱，而是有规律地排列。

普兰女性肩饰与众不同，具有自身独特的审美特征。这种女性肩饰具有一定的内涵，当地民间艺人认为："它象征生存在阿里荒漠之地的野生动物岩羊的羊角。"[1]但笔者则认为其更是一种象征区域性月牙形的代表。正如四川大学的考古专家童恩正先生所说："从东北到西南高原山地的'边地半月形文化传播带'。"[2]从这个意义上讲，西藏地区正是我国半月形边地游猎文化分布带上连接南北两端的重要中介区域[3]，这一区域正是古代象雄文化区域，如今阿里普兰所处的恰好是古代象雄地理位置的中象雄[4]。

月牙形的肩饰与月牙形的头饰相互映衬，衬托出西藏西部特有的审美特征。比起藏族聚居区其他地方的肩饰，这里的肩饰美观大方，制作工艺精美，反映出当地手工艺人高超的艺术水平。另外肩饰上不同珠宝和材质具有不同的象征意义。比如，绿松石象征着蓝天，珍珠象征着白云，底色红布象征火，金象征黄土等。这又充分反映出当地人从大自然之中捕捉到的美和受到的启发以及崇尚大自然的美好心理。

---

① 田野访谈资料。2017年9月3日下午，在阿里普兰县普兰镇多油组访谈强久桑布（男，藏族，85岁，农民）

② 童恩正：《试论我国从东北到西南高原的边地半月形文化传播带》，《文物与考古论集》，北京：文物出版社，1986年。

③ 李永宪：《西藏原始艺术》，石家庄：河北教育出版社，2000年，第219页。

④ 扎敦·格桑丹贝坚赞：《世界地理概说》（藏文），木刻板，第7-8页。

四、腰饰特征及文化内涵

（一）腰饰结构特征

腰饰由两个部分组成。"普兰牧区女性的服饰没有农区华贵，但很特别。她们也十分讲究佩带，除头饰、耳环、项链外，还有很特别的腰带，一般宽5寸，上面缀满了小白海螺，一般都在300颗以上，还缀有玛瑙、珊瑚等宝石。牧区女性的腰带上不像男人似的悬挂饰品佛龛、筷子一类的东西，挂的是铜铃、银铃，且数量很多，多在七八十上下。"①这点和尼泊尔藏族宁巴女性腰饰②也有着类似的组成部分。但是现在几乎没有人佩戴此腰饰，笔者采访札达县附近的百姓时见到过此类腰饰。

另一种由密密匝匝的串珠组成，虽然腰饰看着密密麻麻，实际上是由不同长度的7串项链组成，其中有白色贝壳珠子项链一条，红珊瑚项链一条，褐色玛瑙项链一条，串项链的珠子只有黑豆大小；还有四条黄色蜜蜡项链，这些蜜蜡小的有蚕豆那么大，大的有桃子那么大，形状无规则，最大的长度大概有5厘米，宽度有3厘米左右；最短的项链长度大约有30厘米，最长的项链长度有80厘米，站立时能到达膝下。这一串串项链，不是固定在腰部，而是用长绳子固定在脖子上，故而可以一串一串单独取下来当胸饰佩戴。用一根线将这些项链从腋下绑在背后，九③串项

---

① 普兰县地方志编委员会：《普兰县志》（内部资料），2010年，第378页。

②（德）汉内洛蕾·加布里埃尔，《尼泊尔的首饰》，魏慈尔出版社，1999年，第123页。（Hannelore Gabriel,*The Jewelry of Nepal*,Weatherhill,Inc. of New York and Tokyo.1999.pp.123. These Nyinba amber necklaces also contain some plastic imitation amber beads, coral, and glass beads. The way the beads attached to metal arches is a typically western Nepalese solution to making a bead necklace spread and fall gracefully. ）

③ 如果当地少数民族有幸收集到九块这样的石头的话，则更是须臾不能离身。对于苯教来说，"九"是一个神圣的数字。（参见（意）G·杜齐：《西藏考古》，拉萨：西藏人民出版社，1987年，第2页）。另，西藏早期宗教中有关"十三"、"九"、"七"等数的概念与西伯利亚鞑靼部族（Tatars）、布鲁特人（Buriats）、阿尔泰（Altai）山区民族早期神话中数的概念十分接近。详见（奥）L.D内贝斯基著，谢继胜译：《西藏神灵与鬼怪》，拉萨：西藏人民出版社，1993年，第633–634页。

链错落有致地排列在胸前。据说，这些胸饰原型是"罗刹女"（སྲིན་མོའི་ ཚ）佩戴的人的"小肠子"，后来逐渐演变为美饰，材料也逐渐变成各种珠宝。同时，长项链是一种特别漂亮的装饰元素，突出了美的理念之一[①]。腰部前面的项链晃来晃去，勾勒出腰饰的审美价值。

（二）审美特征和文化内涵

普兰女性服饰的腰饰与其它藏族聚居区女性腰饰的最大的区别是挂满身前，既充当了胸饰也可以作为腰饰，起到一物多用的美饰作用。虽然腰饰繁复多样，但是佩戴如同波浪层层递进。以靓丽的黄色为主，配有红、蓝、白色的腰饰，在深色底衬藏袍的衬托下，显得更加艳丽。

从材质上来说，其它藏族聚居区的腰饰大部分是以金银为主，而普兰女性的腰饰以琥珀为主，搭配有珊瑚和玛瑙、珍珠、贝[②]等。从佩戴方式来看，普兰的腰饰和胸饰连成一体，一般挂在脖子上，另外用两根线把它从腋下左右开，变得错落有致。另外有些腰饰挂在胸饰的饰品佛龛底部。没有一个腰饰直接挂在腰上的。具有自身的独特地域特征。串珠之中有个白色贝珠和珊瑚珠，这两种珠子过去拉萨贵妇人也有佩戴习俗[③]藏语分别称之为"嘎缠"（དཀར་ཕྲེང་）和"玛缠"（དམར་ཕྲེང་）。目前还没有确切的依据来说明这是受到西藏中部文化的影响，还是西部文化影响到中部。据西藏近代史上外国学者在游记中记载：从波斯经庞贝而来的绿松石，从意大利来的珊瑚，以及柏林和柯尼希斯柏格来的琥珀。我（哈勒）经常帮阔绰的贵族写信到世界各地，定购种种奢侈品。[④]由此可

---

①（德）施勒伯格著，范晶晶译：《印度诸神的世界——印度教图像学手册》，上海：中西书局，2016年，第222页。

②在方志中，有"饰以海贝"、"穿海贝盘旋为饰"的记载。参见邓启耀：《民族服饰：一种文化符号——中国西南少数民族服饰文化研究》，昆明：云南人民出版社，2011年，第112页。

③次仁央宗：《西藏贵族世家：1900-1951》，北京：中国藏学出版社，2012年，第402页。

④次仁央宗：《西藏贵族世家：1900-1951》，北京：中国藏学出版社，2012年，第403页。

见，普兰地处边境要塞，琥珀等饰品的来源广泛，比起其它珠宝更容易获得。因为琥珀作为一种珍贵的装饰物，在西藏其它地方一般用来装饰头部或者胸部，然而在普兰则是大量运用琥珀来装饰腰部，是很有地方特色的装饰方法。

此外，普兰女性还喜欢佩戴象牙或者海螺材质的白色手镯和金戒指[①]。骨质手镯的起源在西藏考古专家李永宪著述中作以下考述：随着工具技术和人类审美意识的发展，钻孔技术在造型法则上得到了进一步的扩大，进而出现了完全人工的艺术造型产品—环状饰品和半环状饰品，如卡若遗址出土的石环、石璜及骨璜、骨质手镯等物，这时的钻孔技术才成为审美造型的技术手段[②]。因此，在青藏高原人们佩戴手镯的历史至少有四千年的实物证据。此外，西藏近代史上印度学者艾哈默得·辛哈在克什米尔和随后在下部西藏西部阿里地区的旅居史中记载："妇女们则用另一种方式做这些事情。她们用握紧的拳头交叉双手，以至于手镯互相碰在一起，然后把右手放在前额三次，每一次都说'谢谢'，并每一次都表现出礼貌。"[③]这点说明了手镯的另外一种功能，即表达民族文化心理和人生礼仪等相关问题。

第三节　普兰女性传统服饰的整体特征

正如德国著名艺术研究者格罗塞所言："作为一种人类对于自身的最原始的审美心态，除了那些没有周备的穿着就不能生存的北极部落之

---

①在人们佩戴的饰物中，戒指独具深刻的象征含义。戒指呈环形，象征着完整、力量、保护及延续持久—这一切都使订婚和结婚戒指具有了极为重要的地位。参见檀明山主编：《象征学全书》，北京：台海出版社，2001年，第456页。

②李永宪：《西藏原始艺术》，石家庄：河北教育出版社，2000年，第81-82页。

③艾哈默得·辛哈著，周翔翼译：《入藏四年》，兰州：兰州大学出版社，2010年，第88页。

外，一切当代原始民族的装饰总比其衣着更受到重视、更为丰富，在某种意义上可以说他们情愿裸体，却渴望美观。"①可见处在"世界第三级文明"②的普兰女性的审美观也大同小异，只是相同地域的文化具有不一样的特征，一般受到该区地理环境、社会文化、生存方式等影响。普兰女性传统服饰可以很好地体现出当地独有的区域特征和历史文化，以及生活习性等诸多因素。"高原早期人体装饰品的发展，对于其后藏民族的装饰习俗及审美观念传统的形成有着深远的影响，表现出高原地理环境方面的特征。人们在广袤的高原大地上和严寒的气候条件下，特别注重对于自身的装扮和美化，人们身处色彩相对单调的冰雪高原，对自身的美化也就是对所处自然环境的妆点打扮。"③因此，世界上出现了风格独特而千奇百怪的西藏女性传统服饰，这对普兰而言也是如此。位于世界之巅，离太阳最近的西藏西部，普兰女性传统服饰到底有什么样的特征呢？笔者将从以下几点分析。

一、地域性特征

美国人类学家博厄斯（Franz Boas）在其《原始艺术》一书中指出："任何一个民族的文化只能理解为历史的产物，其特性决定于各民族的社会环境和地理环境，也决定于这个民族如何发展自己的文化材料，无论这种文化是外来的还是本民族自己创造的。"④显而易见，阿里普兰女性传统服饰从整体上看，具有藏装的基本特点：长袖、宽腰、大襟、金银珠宝的装饰多等。农区和牧区的服装在用料和制作上不尽相

①（德）格罗塞著，蔡慕晖译：《艺术的起源》，北京：商务印书馆，1987年，第42页。

②吕红亮：《考古学的阿里——西藏之西藏，喜马拉雅最早的山民》，陈丹青、张青主编：《阿里：旷野神话》，北京：中国藏学出版社，2022年，第51页。

③李永宪：《西藏原始艺术》，石家庄：河北教育出版社，2000年，第92页。

④（美）弗朗泽·博厄斯著，金辉译：《原始艺术》，上海：上海文艺出版社，1989年。

同。农区的服装有藏袍、藏衣等。藏袍以氆氇为主要原料，也有用毛哔叽等制作的。藏装左襟大，右襟小，一般在右腋下钉有一个纽扣，有的用红、蓝、绿、雪青等色布做两条宽4厘米、长20厘米的飘带，穿时结上，就不用扣子。男女的藏袍都是大襟服装，男式以黑、白氆氇为主要材料，领子、袖口、襟和底边镶上色布绸子。藏族穿袍子，里面都有一件白色或红色、绿色衬衫，外面再穿藏袍，腰间系上腰带。腰带颜色以红、蓝为多，既实用又可当作装饰。不论有袖无袖，腰间束一条红、雪青、绿色等绸缎或平布的腰带。男式衬衫多高领，女式衬衫多翻领。藏族衬衫的特点是袖子要比其他民族服装的袖子长。帽子样式很多，传统的有喇叭形、筒形、圆形，有的饰以镂金，或用彩绸做成飘带。夏天有戴毡制礼帽等习惯。正如外国学者在游记中所描述：西藏（阿里）南部妇女的头型由于其新奇性而引起了外国人的关注；它也受到当地人自己的关注，因为它是着此式样头型人的财富水平的衡量标准。它包括从前额到后脑中间的鱼型毛毡，并用石头和粗绿松石装饰着。从靠近鬓角毛毡的那部分起，在两边有半圆形的布的垂片，用皮镶着边；它们从头发下穿过，遮住了耳朵①。这段栩栩如生地描述了阿里南部即普兰女性传统服饰除了具有藏族服饰的基本特征之外，还具有自身独特的地域特征。此外，分布于一个特定空间范围内的文化现象，这个特定的空间范围就是西藏高原②。从普兰女性传统服饰的外观可明显看出具有适应高原独特高寒气候的耐寒而结实的特征。从色彩来看，暖色为主调，再搭配一些色彩艳丽的绸缎和布料。因为在高海拔地区这样的颜色容易吸收阳光的热量，这样的缝纫方式也不容易透风。宽敞的藏袍有利于行走和

①艾哈默得·辛哈著，周翔翼译：《入藏四年》，兰州：兰州大学出版社，2010年，第57页。
②李永宪：《西藏原始艺术》，石家庄：河北教育出版社，2000年，第5页。

骑马[①]等活动。宽大的裘皮披风使得穿着者无论是在马匹上驰骋，还是行走在高寒地区都满足温暖的要求。它最大的特点是穿戴随意而轻便。传统的藏靴以麻绳或牛皮来做厚而结实的底子，用毛料制作的高鞋帮，在雪地里行走时可以防止冰雪进入靴子里。靴子的底子是由缝在两边的一块厚皮做成的，在此之上，缝着一块毛毡或是厚厚的毛布，一直覆盖到脚踝；腿则由缠了很多圈的毛毡绑腿进一步保护着。[②]这样则适应普兰早晚寒冷而白天较热的孔雀河谷气候特征。"藏族妇女的头饰因地区差异而千差万别，甚至不同部落之间的差异也很大，它不仅是身份的象征，同时也是家庭的一家'移动的银行'，用以储存可以流通的钱币、白银、珠宝和丝绸。"[③]从装饰物来看，选择阿里自产的黄金[④]为主，搭配藏族人喜爱的天珠、珍珠、珊瑚、琥珀、玛瑙、绿松石等。这些珠宝在一定的地域环境下具有特殊的象征意义。比如，珍珠代表月亮、珊瑚代表火星、猫眼石代表上弦月，玛瑙石代表下弦月。[⑤]可见普兰女性传统服饰所使用的材质上充分体现了独特的区域特征，如高原特有的羔羊皮和旱獭皮、以及邻近尼泊尔出产的手工布料腰带，茶马古道和印度引进的高档绸缎等。从饰物的形状来看，也充分反映出阿里独特的地域文化特征，体现出当地群众崇拜大自然的文化含义。此外，在尼泊尔境内

---

① 维尔瑞·雷诺兹：《鲜为人知的世界：藏族服饰和织物》引自，熊文彬译，《西藏艺术：1981–1997年ORIENTATIONS文萃》，北京：文物出版社，2012年，第9页。

②艾哈默得·辛哈著，周翔翼译：《入藏四年》，兰州：兰州大学出版社，2010年，第56页。

③ 维尔瑞·雷诺兹：《鲜为人知的世界：藏族服饰和织物》，引自熊文彬译：《西藏艺术：1981–1997年ORIENTATIONS文萃》，北京：文物出版社，2012年，第9页。

④林温·白玛格桑先生提到："边境管理方面是防止外国间谍的入侵或偷渡，收税、以法律制裁，尤其是阿里三围范围内生产黄金，硼砂（食盐），贸易等事宜。"以上内容笔者拙译。原文详见， སྐྱིད་དབོན་པདྨ་སྐལ་བཟང་། 《དེ་སྔའི་བོད་ས་གནས་སྲིད་གཞུང་གི་གཞུང་ཡིག་ཐོག་གི་ཐ་སྙད་སྒྲིག་སྦྱོར་དང་འབྲེལ་ཡོད་ཕྱོགས་བསྒྲིགས་གསལ་འགྲེལ། མི་རིགས་དཔེ་སྐྲུན་ཁང་། 2011ལོ། 166

⑤（德）施勒伯格著，范晶晶译：《印度诸神的世界——印度教图像学手册》，上海：中西书局，2016年，第236页。

的藏族女性也有穿戴类似的习俗,正如长期在尼泊尔洛域做实地调研,并撰写民族志的陈波教授简述:"男子们穿曲巴……妇女们穿戴尼玛达瓦"①。上文的"尼玛、达瓦"是藏语的音译,意思是太阳和月亮,那里的妇女穿戴的头饰象征符号与普兰女性的穿戴非常相似。这也充分表现为区域文化特征的共同性。

二、历史文化特征

在历史的进程中,普兰女性传统服饰逐步形成和发展,反过来它又能够反映出历史和文化的演变。从普兰女性传统服饰之中可以看出某个地方所经历的历史和文化变革的痕迹。反过来看这里曾经出现过的灿烂文化,也渗透到了当地普兰女性传统服饰之中。藏族吉祥文化是在原始宗教信仰观念的直接影响下形成的。泰勒在《原始文化》(Primitive Culture)一书中的重要主题是对"万物有灵"(Animism)的论述,他认为"作为宗教最低限度的定义,是对神灵的信仰。"②可见,原始宗教起源于"万物有灵"的观念,其特点便是认为万物皆有灵,因而对万物产生崇拜。万物有灵的观念意识对人类服饰的影响很大,至今不衰,它也是原始纹身艺术产生的思想基础③。藏族先民最开始服饰文化中体现着崇拜大自然、崇拜动物,继而崇拜灵魂和崇拜祖先的烙印。同时藏族先民从服饰文化中透露对这些超自然神灵感和礼拜是希望趋利避害。"正如人类文明在物质方面到处都有过石器时代一样,在思维智力方面也都出现过'巫术时代',并且它的出现要早于正统宗教的产生。"④于是,对生活内容的思索和期盼、憧憬便很自然地被他们反映

---

① 陈波:《山水之间:尼泊尔洛域民族志》,成都:巴蜀书社,2011年,第48页。

② 爱德华·B·泰勒:《原始文化》第一卷,纽约1889年(英文版),第424页。

③ 杨昌国:《符号与象征——中国少数民族服饰文化》,北京:北京出版社,2000年,第250页。

④ (英)詹·乔·弗雷泽著,徐育新等译:《金枝》,北京:中国民间文艺出版社,1987年,第83页。

在跟他们生活最贴近、最熟悉的服饰上，这一点在普兰女性传统服饰上表现的淋漓尽致，如月亮形状的头饰和肩饰、镶嵌"雍仲"的水獭皮镶边、五彩的袖子等装饰纹样就是原始自然崇拜的遗存。从这些方面也能窥见普兰曾经作苯教文化盛行的古象雄文化中心地带的些许痕迹。

西藏普兰女性传统服饰中的一些元素具有祈福禳灾，保护自身不受鬼神侵害的作用，如身佩戴绿松石，身穿五彩衬衫、日月符号的服装等。这些跟原始宗教中的巫术活动有一定的关联。原始宗教奠定了藏族吉祥文化基础，表达了藏族先民在自然力面前祈求掌控自然、掌握自己命运。在原始宗教信仰中容易将某些有来头的物质神性化，也容易将某些宝物神性化，于是藏族开始将灵物、神性之物放置在身边，来求得自身的平安。逐步演变成护身符①，随着这些珍贵物品的积累和人类审美观的提高，逐步演化成丰富多彩的饰物。正如中国艺术理论家刘骁纯先生所论述，饰物虽不是工具的派生物，但它的出现却必须以制造工具的行为为前提，没有在两百至三百年的生产实践中发展起来的灵巧的手和欣赏律美的眼睛，装饰品的出现是根本不可能的。②可见从普兰女性传统服饰折射出更多的祈福和保护象征，以及普兰人代代相传逐渐积累起来的神性化宝物。这些普兰女性传统服饰之中不仅有原始苯教文化的日月、琼鸟等象征之物，还有藏族共同认为具有护身、辟邪作用的吉祥之物珊瑚、天珠、绿松石等，以及佛教开光过的各种饰品佛龛。在人们的观念之中这些饰品辟邪和吉祥的作用远远超出其自身具有的物质价值。这些装饰品在一定历史阶段与社会条件下，自有其实用价值或使用价

---

①在西藏被称为古老的石器如石箭头、石斧之类，当地人称为"天降石"(thog-rdeu)或"霹雷石"(mtho- lding)，被当做灵验的护身符而成为佩饰。详见（意）G·杜齐：《西藏考古》，拉萨：西藏人民出版社，1987年，第2页。

②刘骁纯：《从动物快感到人的美感》，济南：山东文艺出版社，1987年。

值，并从这里派生出了审美价值。这些装饰品获得审美价值后，人们就常常只注意它的审美价值，而忘了它的实用价值，使其逐渐演变成"纯粹装饰"。正因为少数民族服饰般都具有实用价值和审美价值的双重功能，因此，在符号学的意义上，它就具有所指性（即直观性）与能指性(即象征意义)常常不相一致的特点。①由于藏族传统服饰的双重功能，普兰女性更加爱惜这些饰品，故而这些饰品得以流传千年，普兰女性传统服饰上深深烙印原始象雄文明和佛教文化完整的保留下来。换句话说，在历史的长河中，尽管经历了诸多朝代的更迭、观念的变迁，但普兰女性传统服饰上仍能体现点点滴滴的历史文化和象征意义。我们必须"从历史科学的立场出发，把各种美术品作为实物标本，研究的目的在于复原古代的社会文化。这与美术史学者从作为意识形态的审美观念出发以研究各种美术品相比，则有着原则的差别。"②笔者研究阿里普兰女性传统服饰，不仅是对服饰的结构和美饰特征的研究，更在于是对西藏普兰早期服饰文化装饰的研究，这种研究被称为是"现代人对古代人的还原理解"③。通过这种方法去尽力探索西藏普兰先民们的精神活动与物质活动，并借此还原其历史文化的本来面貌，从而对西藏普兰女性传统服饰的研究才可能具有历史的和现实的意义。

---

①杨昌国：《符号与象征——中国少数民族服饰文化》，北京：北京出版社，2000年，第248页。

②夏鼐、王仲殊：《考古学》，《中国大百科全书·考古学》，北京：中国大百科全书出版社，1986。

③李永宪：《西藏原始艺术》，石家庄：河北教育出版社，2000年，第8页。

本章小结

本章主题集中强调对普兰女性传统服饰的样式形态和美饰特征进行讨论，通过实地考察与图文并茂构建考物的方法，根据普兰女性传统服饰的形制和审美等文化信息进行分析，梳理当地原始女性服饰实物的特点，对其服装的形制、图案和审美进行访谈和分析，使其成为文献的补遗和实物证据。

笔者主要择取了"帽子"、"大褂"、"披风"、"靴子"、"头饰"、"胸饰"、"肩饰"等极具民族地域性的服饰单体和部位，就其特征和文化内涵进行了较为详尽的分析。最后就普兰女性传统服饰的整体特征，从时空的地方性及历史文化的区域性，尝试性地给予了总结。并初步断定阿里普兰先民在制造和使用装饰自己的产品时，无疑也注意到了美化女性本身所具有的一个显著特征—人体的完全美饰性，这种美饰的形体从面部的头部到脚底的穿戴，无不是靓丽的装饰物。因此，在双耳上穿挂传统耳坠、在左右袖口的无色彩带、在颈部挂上由珊瑚组合的"吉乌"、在胸前佩挂各类"嘎乌"饰等，都表现出一种地域特色的美饰，这种传统的装饰习俗实际上体现了一种与人类身体结构相符合的审美心理。追求形而上的服饰，这是早在古老的象雄文化阶段就已出现了的人工制造工艺，然而在人体装饰美饰中的这种服饰文化，则主要源于当地人对自身形体的审美意识，故此，普兰女性传统服饰的人体装饰就是普兰人们对自己形体的审美价值的体现。

第五章 普兰女性传统服饰演变与传承价值

　　服饰不仅仅是外在美的表现，它在长期的历史发展之中，不断地适应当地的自然气候特征和社会文化。随着社会发展变化，服饰本身也在悄然进化，以适应时代和文化的变迁。在发展的过程之中，服饰的历史价值、艺术价值、审美价值都在不断地提升。中国民俗学会理事邓启耀先生的著述中谈到："由于某些特定的历史原因或观念因素，迫使某些民族、某些阶层或社会集团的服饰发生变异。民族服饰上原来特定的文化功能、所指意义及社会内涵、形式要素等，也随之发生变异。这种变异的动因无论是主动的、适应性的，还是被动的强制性的，都涉及到一个文化模式在承袭、传播、接受、借取等方面发生的发展、变化和创新，也即文化人类学所说的'文化变迁'问题"。① 服饰成为了各种文化的外在表现符号，一种服饰能反映出多种文化的变迁。

图5-1普兰女性服饰的婚礼服"帕切" （张鹰摄）

①邓启耀：《民族服饰：一种文化符号——中国西南少数民族服饰文化研究》，昆明：云南人民出版社，2011年，第310页。

第一节 普兰女性传统服饰的演变

"我曾在一篇论文中，讨论近现代'民族化过程'中羌族妇女服饰的变化①。在这篇文章中，我不从典范模式的文化定义(normative mode of culture)来理解'民族服饰'，而是强调此'文化'形成的过程(process)与情境(context)。简单地说，在现代'民族'与'民族国家'(nation-state)概念中有两大因素团结(民族化)与进步(现代化)②。除了以共同'起源'团结、凝聚民族成员之外，还强调或追求该民族的'进步'与'现代化'。此种二元特性，使得人们对'民族传统文化'有两种相矛盾的态度：一方面'传统文化'促成民族团结因此值得强调、推广；另一方面'传统文化'又有落后之处而须被改革或回避。"③从王明珂先生的观点中，我们同样可以认为，普兰女性传统服饰是我国各民族传统服饰文化中的一颗明珠，它不仅历史悠久，而且有浓郁的地域特色。这个古老的服饰文化在漫长的历史沿革中，在服饰的材料、图案等方面不断改良，在现代文化的冲击下，传统服饰也在逐步演变中。

一、普兰妇女传统服饰历史起源

笔者在查阅有关普兰妇女传统服饰的资料后，发现学者们的观点大致相同，即普兰妇女传统服饰的历史起源和象征意义与孔雀及孔雀河密切相关，但这些观点却与史料文献和当地民间实地调查的结果不太

---

① 王明珂：《羌族妇女服饰：一个"民族化"过程的例子》《历史语言研究所集刊》（第69本第三分），"中央研究院"，1998年，第841—845页。

② 王明珂：《羌在汉藏之间——川西羌族的历史人类学研究》，北京：中华书局，2016年，第293页。这便是 Prasenjit Duara 在其有关中国民族主义的著作中所提出的:民族主义下的线性历史一方面强调自古以来历史的延续性，另一方面强调传统与现代间的断裂。见 Prasenjit Duara, *Rescuing History from the Nation: Questioning Narratives of Modern China*, Chicago: The University of Chicago Press,1995.pp.25–29.

③ 王明珂：《羌在汉藏之间——川西羌族的历史人类学研究》，北京：中华书局，2016年，第293页。

吻合，尤其在象征意义上解释不通。如有些著述记载，阿里普兰地区盛行羔皮袍，制作精细、装饰典雅，但羔皮袍的面料以毛料为主，领、袖、襟底镶水獭皮，外套绸缎，这在整个藏族聚居区都很常见。而普兰妇女传统服饰中，以比较精美而独特的"宣切"最为出名（图5-2），它与阿里西部历史文化密切相关。

图5-2普兰女性服饰的"宣切"（拉巴欧珠摄）

　　大多数学者认为，孔雀河源头形似孔雀，是美丽和吉祥的象征，为了留住这一美好的象征，女性们开始模仿孔雀的形态制作饰物，且流传至今。但在象征学而言，孔雀被当做虚荣、奢侈和高傲的象征[1]。杨清凡女士在《藏族服饰史》中提及："妇女服饰风格最为独特，其模仿孔雀而成的'孔雀'服饰为：头戴'廷玛'（棕蓝色彩线氆氇圆筒帽），耳饰珊瑚、珍珠等串成的长约10厘米的长耳坠，以帽和耳坠象征孔雀的头冠；背部披白山羊皮'吉巴'（披单），上镶带圆形花纹的粗氆氇条，象征孔雀背部，'吉巴'周围镶嵌带圆形花纹的棕蓝色氆氇，是为孔雀的两翼，'吉巴'底部开为三叉，是孔雀的两羽，有的吉巴还缀以各色绸缎，风姿绚丽。"[2]这种解释看似合理，而且与拉达克阿奇寺壁画

---

①檀明山主编：《象征学全书》，北京：台海出版社，2001年，第332页。
②杨清凡：《藏族服饰史》，西宁：青海人民出版社，2003年，第201页。

上穿戴孔雀服的当地"护法女神"（图5-3）颇为相似。相关专业研究者认为，中晚期壁画中的多杰钦姆一改早期着衣方式，将原来只有底边下摆处饰孔雀羽毛的大氅直接改换为身披孔雀披风，骄奢华丽寺的宫廷风貌已现①。可见将这种护法女神穿戴的服饰与普兰妇女传统服饰进行实物对比，可以发现两者之间的不同之处。

普兰妇女传统服饰的形状是否真的像一只孔雀，根据笔者调查结果显

图5-3拉达克阿基寺壁画的护法女神
（来源PITAKA文化艺术）

示，普兰民间文化中不认同这一观点。据从事多年普兰文化搜集整理的萨热瓦·才旺先生所言："传统上普兰传统妇女主要是在盛大的节庆上身着盛装，同时穿戴在跳起'宣'舞的场合。据当地老人讲述宣舞一般围绕右旋转，嘎列穿戴在右肩上，宣的种类有19种，所有跳舞者都是新婚嫁来的女子，因此这种普兰传统妇女盛装具有'宣切'或'帕

①任娟、王瑞雷：《西藏西部"阿里三围"女护法神灵多杰钦姆的图像变迁与信仰传承》，《敦煌研究》，2019年第4期，第54页。

切'之称，而外来学者认为'飞天服饰'或孔雀服饰之类的说法。"①可见用"孔雀服饰"等外来词称呼普兰女性服饰的宣切是不符合当地的历史背景和民俗的。象征文化研究学者施勒伯格认为，孔雀象征着不朽，故而与永恒的青春之神迦绮吉夜这类神密切相关。②此外，少数学者对普兰妇女传统服饰中局部的称谓及含义由于缺乏实地考察而有所出入，"这里保存和弘传了古老的吐蕃文化，包括服饰文化，吐蕃有一种古老的祭祀歌舞，称之为'宣'，在卫藏地区已经失传，唯独在阿里地区完整地保存着，并在当地民间表演着。表演'宣'舞时，男子一律穿古代武士戎装，女子身着氆氇长袍，内穿红、黄、蓝、绿、白五样颜色的衬衣，衣袖按照不同的颜色依次露在外面，身后披一件缎子披风，身前挂满了密密匝匝的珍宝珠串，大都是珊瑚、松石、蜜蜡、琥珀之类，短的垂到胸前，长的垂到膝盖。脖子上带一条三四寸的项链，项链也是珊瑚、松石等珠宝制作的，胸前挂两至三四个'嘎乌'宝盒，大都金'玉'③镂制。她们头上戴的珠冠，与拉萨和日喀则妇女的'巴珠'不同，酷似隋唐时代的皇冠，额前垂下四五寸长的珠串端端地把眼睛和脸部遮住。据说，这是再现吐蕃时期妇女服饰的活化石。"④廖东凡先生的描述，使我们更进一步认识普兰妇女传统服饰，且以古老的传统歌舞"宣"的表演服装为例，描述了服饰的组成构件和使用情况。笔者实

---

① 田野访谈资料。2022年8月26日中午，在阿里普兰县多油乡赤贡村访谈才旺（男，藏族，64岁，传承与保护文化工作退休干部）

②（德）施勒伯格著，范晶晶译：《印度诸神的世界——印度教图像学手册》，上海：中西书局，2016年，第166页。

③ "古老的信仰和古老的遗物，被神秘地巫化为一种饰物。石饰的升华是玉饰。中国人对玉似乎有特殊的嗜好，不但"古之君子必佩玉"，而且玉佩的种类也多如牛毛。"详见邓启耀：《民族服饰：一种文化符号——中国西南少数民族服饰文化研究》，昆明：云南人民出版社，2011年，第113页。

④ 廖东凡：《藏地风俗》，北京：中国藏学出版社，2008年，第26-27页。

地调查后发现，廖先生的这一观点也有存疑之处。首先，众多学者和民间艺人指出"宣"这种歌舞形态存在于象雄时期。尤其是雍仲苯教祖师辛饶米沃切时期，"宣"作为古老的歌舞，在宗教庆典仪式中扮演着重要的角色。其次，笔者通过查阅苯教文献及实地考察，也发现普兰妇女传统服饰的历史背景可以追溯到象雄时期，明显早于吐蕃服饰。另外，在查阅藏文文献资料时，发现了与普兰妇女传统服饰相关的珍贵资料，"当尊者米拉日巴到达普兰吉堂时，有众多当地人围观，尊者言'我等瑜伽行者想化斋'，随即人群中一位穿戴华丽服饰的姑娘问到：你等父母、亲戚是何人？"①虽然书中对这位普兰妇女服饰内容的描述言简意赅，但是可以看出普兰妇女传统服饰至少应有上千年的历史，而且从字里行间透露出当时普兰妇女服饰的华丽风格。"阿里一带的妇女服饰跟安多地区非常相似，尤其背后披的斗篷和上面点缀的绿松石。"②这些藏文古籍文献也是研究普兰妇女传统服饰的重要资料。

二、普兰妇女传统服饰历史起源的田野考察

由于地理环境、生产方式、历史文化等因素的影响，使得服饰文

---

①乳毕坚瑾：《米拉日巴传及道歌》(藏文版)，西宁:青海民族出版社，1981年，第369-370页。笔者拙译，原文如下：

ཉལ་འབྱོར་དུལ་པའི་རྒྱུན་ཅན་གྱིས་བརྩམས་པའི་ཉལ་འབྱོར་དབང་ཕྱུག་ཆེན་པོ་མི་ལ་རས་པའི་རྣམ་མགུར་ཞེས། ན་མོ་གུ་རུ། རྗེ་བཙུན་མི་ལ་རས་པ་དཔོན་སློབ་རྣམས་སློབ་གྲཾ་ཐ་ཆུང་གི་ཡར་རོལ་ལྟུ་རངས་ཤིང་ཐུད་ཕྱུག་ཤིངས་པའི་ཚེ་ མི་མང་པོ་འདུས་པ་ལ། རྗེ་བཙུན་གྱིས་ཡོན་བདག་རྣམས་ལ་ངེད་ཉལ་འབྱོར་པ་འདི་རྣམས་ལག་གི་འཚོ་བ་ཞིག་སློང་དགོ་གསུངས་པ་ན། དེ་རྣམས་ཀྱི་ཀྲོད་ནས་མེད་བཟང་མ་རྒྱན་བཟང་པོ་བཏགས་པ་ཞིག་འདུག་པ་དེ་ན་རེ་ཞེས་འབྱོར་འདུག་མཚོ་སློང་མི་རིགས་དཔེ་སྤྱན་ཁང་། 1981ལོ། ཤ 369-370

②格顿群培：《格顿群培论文集》（藏文版），拉萨：西藏古籍出版社，1990年，第76页。笔者拙译，原文如下：མངའ་དབང་དགེ་འདུན་ཆོས་འཕེལ་གྱི་གསུང་རྩོམ་གྱི་དེར་གཉིས་ལ་ལྷོད་མངའ་རིས་དང་རྒྱ་གར་མཚམས་ཀྱི་མཐའ་ན་གནས་པའི་ཡུལ་ཁང་པོ་ཞིག་གི་སྐད་ཀུན་ཨ་མདོའི་སྐད་ཉེན་ཏུ་མཐུན། བུད་མེད་རྣམས་ཀྱི་ཆས་ལུགས་ཀྱང་རྒྱབ་ཏུ་རས་སྒྲོ་ཞིག་འཆང་ཏེ་དེར་གཡུ་སོགས་བཀྱག་པ་ལ་ཨ་མདོ་དང་འདུ་ཞིང་འབྲོག་འདུག་བོད་ཤིང་བོད་ཡིག་དཔེ་ཉིང་དཔེའི་སྤྱན་ཁང་། 1990ལོ། ཤ 76

化呈现出强烈的地域和民族特色。根据田野调查，普兰妇女传统服饰不仅富有藏族服饰文化特色，而且与藏族的传统宗教文化息息相关。虽然目前很难从考古资料里搜集到有关普兰服饰的记录，而且从服饰的外观上很难断定这种服饰的具体年代，但是在普兰地区的民间传说里可以看出，普兰妇女传统服饰的最初起源和形制都与藏民族原始的苯教有关。这种服饰通称为"罗刹女服饰"之类的说法。并且这种传说也是有着深厚的文化底蕴，比如，"藏文文献有时强调指出，每位神灵的披风前面要打成三褶、四褶或者九褶。许多护法神穿的皮衣是由'绿狮'皮、熊皮、大头虎和豹子杂交而生豹虎的皮甚至用火风制成的皮衣，还有一种特殊的皮衣称'魔皮衣'。但在另一方面，根据藏族人的信仰，'天界魔皮'这一说法来判断，有一种魔的皮似乎也被用来作为某些苯教神灵的服装。"①当地非物质文化遗产传承人雍仲多吉老僧人回忆："我是普兰县西德村的人，从小出家为僧，大多时候在夏佩林寺和西德寺见过穿戴普兰妇女传统盛装的场景，而且祖辈相传普兰传统妇女盛装是象雄时期的文化遗产，有'罗刹女服饰'的象征意义。"②这点在环喜马拉雅的其他区域，拉达克和林芝地区关于传统妇女服饰③也存在类似的说

---

①（奥地利）勒内·德·内贝斯基·沃杰科维茨著，谢继胜译：《西藏的神灵和鬼怪》，拉萨：西藏人民出版社出版，1996年，第9页。

②田野访谈资料。2010年7月26日中午，在阿里普兰县西德乡访谈雍仲（男，藏族，70岁，夏佩林寺僧人）

③大部分访问西藏的人都注意到并且也描写到了西藏的服装，特别是精心制作的妇女服装(特别见柔克义，Ethnology,第684页以下部分)。钱德拉·达斯(第472页)说，西藏人使用来自中原内地的假发，又饶有兴趣地描述了他社会地位和他们的性格。关于西藏妇女如何用山毛柳和儿茶所制的黑色混合物搽脸，或者如何使用搀和了颠茄汁的红土搽脸，德西迪利没有提到。根据传说，这是产生于达赖喇嘛(Demo Rinpoche)的一个命令，他希望通过这个手段来抵制神职人员放荡的生活习惯(荷克，赫兹列特版，卷2，142页;柔克义《喇嘛之乡》，214页)。贝尔详细叙述了民众和贵族的生活习俗，叙述了那些西藏男女如何戴装饰品，他说这种穿戴是随着地位等级以及地区的不同而变化的，同时他也谈了他的看法，认为搽脸仅仅是要去保护脸部，抵御西藏极端恶劣的气候(《西藏的人民》，第147页)。对于西藏的妇女，路易丝·金夫人 Mrs. Louis King)也持有同样的意

法。尤其根敦群培先生在《白史》中有段描述："当时地方居民之其他风俗与服饰，在北方边地与南方边地之偏僻谷地居民至今尚保存着许多古人之影像，亲见彼等，即可了知也。此复，如将地方鬼神与古代人民比较研究，定会有人认为是儿童之理论。但详审观察，印度之恒河女神（གངྒའི་ལྷ་མོ）足著'足创'（ཀང་གདུབ）'安多'之'玛贾绷惹'（ཨ་རྒྱལ་སྐྱོམ་རས།'积石山神'或'黄河神'）头戴"毡帽"（ཕྱིང་ཞྭ）中国之"观音善萨"(ཀོན་ཡིན་པུ་ས)身披斗篷（བེར་སྟོན），彼等服装，是否作本地人之装来，则现前可见也。"①从普兰妇女传统服饰饰品的形状看出当地古老风土人情，它所蕴含的珠冠和右肩所挎的装饰品酷似月牙，这种风格的装饰元素在吐蕃之前，崇拜日月的苯教盛行时就已产生。离普兰较近的一些地方，服饰上至今仍然留有苯教的象征物②雍仲的符号，在扎达县措如苏吉村一带妇女服饰上能很清晰地看到这种符号。考古学亦早有

见(Rin-chen lha-mo，第131页)。但是地的见解和《溯狗的故事》(the Story of the Lake dog)一书是矛盾的，因为在这本书中她曾经报告说，美丽的少女，其脸庞是用煤炭涂抹的，这样头人的儿子就注意不到她了。所有的阶级都佩戴耳环，男子仅仅是在左耳朵上佩戴。根据麦克唐纳(第137页和155页)所说，今天西藏的妇女，除了一套节日的大服装以外，也还有在房间里和出外旅行的服装，她们使用从印度进口的化妆乳膏，从法国进口的口红。当妇女在准备第一次出门旅行的时候，她用儿茶（cutch）护脸，这种儿茶是用一种红土做成的药膏。眼睫毛和眉毛则用眼圈粉化妆成黑色。西藏妇女经常沐浴，至少在夏天是如此，都有许多符合个人行为规范的习惯。参见（意）德西迪利著，杨民译：《德西迪利西藏纪行》，拉萨：西藏人民出版社，2004年，第160页。

①根敦群培著，法尊大师译：《白史》，西北民族学院研究所，1981年，第13页。原文如下：ཡུལ་མིའི་ཆས་དང་སྲོལ་ལུགས་གཞན་ནི་བྱང་ཕྱོགས་དང་ལྷོ་ཕྱོགས་ཀྱི་འགོལ་རི་དག་ན། ཡང་དང་ཡང་གི་མི་རིགས་བཀའ་གསོལ་པོ་མང་ད་འཇལ་འདུག་པ་ནི་དག་ཏ་དངོས་སུ་མཐོང་བས། ཨེ་ཡུལ་གྱི་ལྷ་དང་སྲོལ་གྱི་མི་གཏན་ཏུ། དཔེ་སྟེང་ནས་ཕུངས་དང་འདི་དག་ལ་ཁང་པོ་དག་ནི་བྱིས་པའི་རིགས་པ་ཡིན་སྙམ་ཤེས་ཏེ་མོང་ངི་རྒྱ་གར་གི་གཙང་མའི་ལྷ་མོ་ཀང་གདུབ་གྱོན་པ་དང་། ཨ་མདོའི་ཆ་རྒྱལ་སྐྱོམ་རས་ཕྱིང་ཞྭ། རྒྱ་ནག་གི་ཀོན་ཡིན་པུ་ས་བེར་སྟོན་གྱོན་པའི་ཆ་ལུགས་འདི་དག་སོ་སོའི་ཡུལ་མིའི་ཆ་ལུགས་སུ་བྱས་ནས་བཟོ་རྒྱུ་ཡིན་མིན་འདའ་ཆས་འཕལ་དུ་སྟོན་དང་། ཡུལ་མིའི་ཆ་ལུགས་ཀྱི་བྱུང་བ་འདི་ཆས་རྣམས་ལ་བཟོ་རྒྱུ་ཡིན་མཐོང་པ་ནི་འདུག་ཅེས་འདུག་ ཆས་འཕལ་དུ་སྟོན་དང་། 2015ལོ། ཟ 19

②象征文化源远流长，它起源于遥不可及的远古蛮荒时代，诞生于世界所有古老民族的神话、传说之中，也来自许多教义抽象的宗教。详见檀明山主编：《象征学全书》，北京：台海出版社，2001年，前言部分。

研究，西藏岩画中比较常见的"卐"号，在我国北方地区和中亚的戈尔诺巴达赫尚、亚兹古列姆、阿克吉尔加、帕米尔西部的萨尔梅什、天山的赛马雷—塔什和坦加雷等地区的岩画中都有发现，而且这种符号的最初意义可能与早期中亚地区流行的太阳崇拜以及"拜火教"有关。[①]这些都可以看出苯教文化对阿里妇女传统服饰的深刻影响。苯教研究者推断："吐蕃松赞干布时期才征服了今阿里所在地古象雄，之前象雄所信仰的国教是苯教。"[②]通过服饰的外观符号来看，象雄遗存已经渗透到普兰妇女传统服饰中，苯教文化体现在传统服饰的细节上。据近十年考古发现："2012年，中国社会科学院考古研究所与西藏自治区文物调研所联合对西藏阿里噶尔县门士乡古如甲木寺墓葬进行处理，在编号为M1的棺木中发现了大批丝绸。墓中出土的丝织品是西藏考古的首次发现，是青藏高原发现的最早丝绸实物。"[③]从这点上来看，离噶尔县不远处的普兰妇女服饰材质丝绸出现的历史时间可能早于吐蕃时期。但是我们不能否认此服饰的发展过程中受到吐蕃时期服饰文化的影响。

三、普兰女性传统服饰的演变

普兰女性传统服饰文化历史源远流长。古代时期普兰女性传统服饰与现在普兰成年女性所穿的节日"宣切"比较接近。头戴"廷玛"帽子[④]，身穿长袖大藏袍，脚蹬藏靴。阿里普兰的民间学者普布加参说道："象雄王子辛绕米沃齐纳了一个工布（现在林芝）地方的妃子，那时工布妃子身穿整套工布特色的服饰，其所戴帽子样式十分独特，于是

---

①李永宪：《西藏原始艺术》，石家庄：河北教育出版社，2000年，第200–201页。
②顿珠拉杰：《西藏苯教简史》，拉萨：西藏人民出版社，2007年，第56页。
③杨铭、李锋：《丝绸之路与吐蕃文明》，北京：商务印书馆，2017年，第106–107页。
④帽子在古代绘画中频繁出现，是智慧与地位的体现。详见檀明山主编：《象征学全书》，北京：台海出版社，2001年，第487页。

当地女性纷纷模仿佩戴这种帽子穿戴至今。从帽子的形状来看，确实与工布女性帽子有几分相似。"①除了这一说法之外，笔者尚未找到任何文献资料有相关记载。

　　普兰女性传统服饰与主流藏族服饰也有着共同的元素和特征，如冬季服装为宽袍、大襟系腰带，佩戴珍贵头饰、嘎乌、绿松石饰品等。普兰当地土著作为藏族的一个边缘族群，经历了漫长的历史演变，其服饰也在与众多部族文化交流、交融之后逐渐形成了与藏族主流服饰文化既有区别又有联系的服饰文化特征。在这一历史过程中，普兰受吐蕃文化的影响具有持续时间长、力度大和范围广等特征。有关吐蕃服饰的研究，较早关注的是20世纪中叶的根敦群培大师，他在《白史》中记载："叙述有一位西藏王妃，妃名不详，谓彼王妃，着深蓝上衣，袖长拂地，下着青色绸裙。编发成许多小辫。耳带环。足着靴冬季作皮袄，外刺各种绣花。"②有关唐代画家阎立本《步辇图》（图5-4）上绘画的吐蕃大臣禄东赞服饰研究，国内外学者对此服饰分析基本相同，沈从文先生《中国古代服饰研究》曾已有论述："禄东赞腰系帛囊外，并缀一算袋式物，惟未着当时流行的附有火镰、算袋、砺石等等'鞢鞢七事'的，若照史志记载，按规定，这个时期的吐蕃使者应当用到。"③除此，法国藏学家海瑟·卡尔梅女士认为，《步辇图》中吐蕃大臣禄东赞

_____

①田野访谈资料。2016年7月25日中午，在阿里普兰县巴嘎乡岗萨村访谈普布加参（男，藏族，34岁，医生）

②根敦琼培，法尊大师译：《白史》，西北民族学院研究所，1981年，第32页。原文如下：བོད་
ཀྱི་རྒྱལ་མོ་མཚན་མི་གསལ་བ་ཞིག་གི་སྐོར་གྲས་ཏེ། རྒྱལ་མོ་དེ་སྔོན་ཐུང་སྔོ་ནག་ཅིང་དུང་གི་ཁ་ལ་རིང་པ་ཙམ་དུ
རིང་བ་ཞིག་གྱོན། སྐྲ་ལ་དར་དཀར་བའི་ཁ་ལ་ཞབས་ཀྱིས། སྣ་ལ་ལྱས་ས་ཆུང་ས་མང་དུ་བཟ་ཞིག། རྣ་ལ་ཀ་ལ་ཆོ
བདགས། སྣམ་ཙོ་ཡི་བ་གྱོན། དགུན་དུས་ན་ལྤགས་པའི་ཁྱི་ལ་ཁོ་དགའ་སྣ་ཆོགས་ཡོད་ཅ་ཞིག་གྱོན། ཞེས
དགི་འདུན་ཆོས་འཕེལ། དེ་བྷེར་དཀར་པོ། མི་རིགས་དཔེ་སྐྲུན་ཁང་། 2015ལོ། ཤ 48

③沈从文编著：《中国古代服饰研究》，北京：商务印书馆，2015年，第334页。

穿的圆领长袍，可能也是三角形翻领，只是在正式场合下把翻领扣起来了，而其他吐蕃人的形象只是没有把三角形翻领扣起来①。敦煌服饰文化研究者认为，吐蕃时期的长袍基本款式有三种：三角形大翻领斜襟左衽束腰长袍；三角形大翻领对襟束腰长袍；圆领直襟束腰长袍②。吐蕃后裔统治时期是普兰女性传统服饰文化发展变迁的一个关键时期，也是普兰女性传统服饰文化形成的初期。这突出地表现在服装的穿着习惯、装饰类型以及与服饰文化相关的审美心理和价值取向等，形成了普兰服饰的独特风格。

图5-4 《步辇图》来源：视觉中国

大多学者所认为"宣"舞歌词当中也有对普兰女性服饰的描述，如沙诺瓦·才旺主编的《绝世妙音·心灵盛宴：普兰县多油村民间歌舞集锦》书中也有一段与普兰妇女服饰有关的歌词，即小山沟处一望：

嗦呀啦嗦，小山沟处一望，啊拉杰，果旺竖立而赞，啊啦杰，果

---

① （法）海瑟·卡尔梅：《7-11世纪吐蕃人的服饰》，《敦煌研究》，1994年第4期，第98页。
② 竺小恩：《敦煌服饰文化研究》，杭州：浙江大学出版社，2011年，第161页。

旺（མགོ་དབང་）和嘎列（འགའ་ཞིག），啊啦杰嗦，我等不要此饰物，要
供奉给上师，为了普度而供奉；小山沟处一望，啊拉杰，念嘎（སྐྱེན་
དགའ་）和绿松石珊瑚（གཡུ་བྱུར），啊啦杰，念嘎和绿松石珊瑚，啊啦杰
嗦，我等不要此饰物，要供奉给上师，为了普度而供奉；小山沟处一
望，啊拉杰，札岗（བྲང་སྐྱང་）和琥珀（སྤོས་ཤེལ），啊啦杰，我等不要此
饰物，要供奉给上师，为了普度而供奉；小山沟处一望，啊拉杰，董罗
（དུང་ལོ）和嘎拉穷（དགར་ལ་ཆུང་），啊啦杰，董罗和嘎穷，啊啦杰嗦，
我等不要此饰物，要供奉给上师，为了普度而供奉；小山沟处一望，啊
拉杰，裹（གོས）和氆氇（རྒྱ་ཁ་ཐེར་མ），啊啦杰，僧服氆氇，啊啦杰嗦，
我等不要此饰物，要供奉给上师，为了普度而供奉；小山沟处一望，啊
拉杰，索拉（སོག་ལྷམ）和嘎穷（དགར་ཆུང་），啊啦杰，索拉和嘎穷，啊
啦杰嗦，我等不要此饰物，要供奉给上师，为了普度而供奉。"① 这段
当地民间的歌词中出现了诸多普兰女性服装装饰物的名称，但其与流传

---

①沙诺瓦·才旺主编：《绝世妙音·心灵盛宴：普兰县多油村民间歌舞集锦》，拉萨：西藏
藏文古籍出版社，2016年，第63-64页。歌词大意为笔者拙译，原文如下：

རེ་ཆུང་དང་ཕྱུག་ནས་བསླང་པ། སོའོ་ཡ་ལ་ཡི། རེ་གཅིག་དང་ཕྱུག་ནས་བསླང་པ། ཨ་ལ་ཅེ་ མགོ་དབང་དང་
བཞིངས་ལ་སྟོད། ཨ་ལ་ཅེ་ མགོ་དབང་དང་འགའ་ཞིག་ ཨ་ལ་ཅེ་སོ། ང་ལ་མི་དགོས། རྩ་བའི་བླ་མ་ལ་ཕུལ་ལ་ རོག་ཕྱི་
མ་ཡར་འཇོན་ལ་ཕུལ་རོག རེ་གཅིག་དང་ཕྱུག་ནས་བསླང་པ། ཨ་ལ་ཅེ་ སྐྱེན་དགའ་དང་གཡུ་བྱུར་ ཨ་ལ་ཅེ་སྐྱེན་དགའ་
དང་གཡུ་བྱུར་ ཨ་ལ་ཅེ་སོ། ང་ལ་མི་དགོས། རྩ་བའི་བླ་མ་ལ་ཕུལ་ལ་རོག ཕྱི་མ་ཡར་འཇོན་ལ་ཕུལ་རོག རེ་གཅིག་དང་
ཕྱུག་ནས་བསླང་པ། ཨ་ལ་ཅེ་ བྲང་སྐྱང་དང་སྤོས་ཤེལ་ ཨ་ལ་ཅེ་སོ། ང་ལ་མི་དགོས། རྩ་བའི་བླ་མ་ལ་ཕུལ་ལ་རོག
མ་ཡར་འཇོན་ལ་ཕུལ་རོག རེ་གཅིག་དང་ཕྱུག་ནས་བསླང་པ། ཨ་ལ་ཅེ། དུང་ལོ་དང་དགར་ལ་ཆུང་ ཨ་ལ་ཅེ། དུང་ལོ་
དང་དགར་ལ་ཆུང་ ཨ་ལ་ཅེ་སོ། ང་ལ་མི་དགོས། རྩ་བའི་བླ་མ་ལ་ཕུལ་ལ་རོག ཕྱི་མ་ཡར་འཇོན་ལ་ཕུལ་རོག རེ་གཅིག
དང་ཕྱུག་ནས་བསླང་པ། ཨ་ལ་ཅེ། གོས་དང་རྒྱ་ཁ་ཐེར་མ། ཨ་ལ་ཅེ། ཆོས་གོས་སྐྱ་ཆུང་ ཨ་ལ་ཅེ་སོ། ང་ལ་མི་དགོས།
རྩ་བའི་བླ་མ་ལ་ཕུལ་ལ་རོག ཕྱི་མ་ཡར་འཇོན་ལ་ཕུལ་རོག རེ་གཅིག་དང་ཕྱུག་ནས་བསླང་པ། ཨ་ལ་ཅེ། སོག་ལྷམ་དང་
དགར་ཆུང་ ཨ་ལ་ཅེ། སོག་ལྷམ་དང་དགར་ཆུང་ ཨ་ལ་ཅེ་སོ། ང་ལ་མི་དགོས། རྩ་བའི་བླ་མ་ལ་ཕུལ་ལ་རོག ཕྱི་མ་ཡར་
འཇོན་ལ་ཕུལ་རོག ཞེས་མ་རོ་ཆི་དབང་གིས་བཙོ སྒྲིག་བྱ་ཏེ་སྟོད་ཡུལ་རང་ཚོའི་སྲིད་པའི་སྐྱེན་དབྱངས་ཀྱི་འགྱུར་
ཡིད་ཀྱི་དགའ་སྟོན་བཞུགས། བོད་སྟོང་བོད་ཡིག་དཔེ་རྙིང་དཔེ་སྐྲུན་ཁང་། 2016ལོ། ཤ 63ན64

在当地民间的服饰文化的关系有待进一步考证。

总之，诸多考古实物和民间文学作品证实，至少吐蕃时期确实已存在普兰传统服饰，而且它是与当时兴起的宫廷舞"宣"一起发展演变的，成为普兰王国的标志性服饰，后来成为祭祀或者寺院盛大节日活动之中必备的服饰。

11世纪，与普兰王国差不多同时期的古格王国皆达到了繁荣昌盛的时期。这在相关政治史①研究上有着详细的考证，在此不再赘述。从古格的壁画上可以看出（图5-5），当时古格的女性穿戴服饰保留了许多吐蕃服饰文化特征：头上编许多小辫子，小辫子上佩戴珠宝。上衣都是深色，身着披风，还佩戴大量的珠宝项链。

图5-5 古格红殿壁画（古格瓦·旦增平措摄）

从古格壁画和文献资料之中可以窥见，吐蕃时期藏族女性的发型都是小辫子，如今普兰女性发型已经变得与卫藏一带类似，梳着两个辫

---

①黄博：《10-13世纪古格王国政治史研究》，北京：社会科学文献出版社，2021年，第66页。

子。古格壁画之中女性的头饰和胸饰也没有如今普兰女性传统服饰文化丰富。可以推断，最初普兰女性传统服饰的配饰没有如今这么繁多，可能是子孙后代逐步积累而变得多样的。从古格壁画中的披风样式来看，发展至今没有太大的变化，只是很难从壁画上看清披风的背后花纹①。帕竹地方政权执政时期施行服饰大改革，对阿里札达和普兰等地的男子传统服饰产生了很大影响，但是并未对古老而神秘的女性传统服饰产生太多影响。阿里周边或者一些西藏边远地方还保留着传统服饰文化的痕迹，如阿里扎达和那曲申扎县女性头饰前面的坠子，后藏女性左肩上的珍珠和银坠，山南洛扎县女性的披风等。可见这种服饰曾经影响的范围很广泛，只是在漫长的历史进程之中，在历史、文化、政治等诸多因素的影响下，在很多地方已经销声匿迹，只有阿里普兰农区延续保留了下来。当地女性平日穿戴的帽子与如今林芝、山南、墨竹工卡等地女性帽子形状相似，只是各地材料和装饰、佩戴方式等不尽相同。笔者初步推断普兰女性传统服饰确实是吐蕃时期形成的，经历千年的历史沧桑没有多少变化，是一个奇迹。另一段关于普兰女性节日服饰来源的传说是："诺桑王子时期，天仙下凡的妃子益卓拉姆招致其他妃子的妒忌。有一次趁王子远征，其他妃子逼迫益卓离开普兰。当王子回来知道所有事情的前因后果之后，一气之下，惩罚这些没有人性的妃子，让他们跟罗刹女一样，身披人皮，脖子上挂满人肠子。后来慢慢演变成如今的美丽披风和一串串五颜六色的胸饰项链。"②现在的普兰县境内依然能见到诺桑王子的王宫遗址和益卓飞回仙境的遗址，以及其它相关历史人物

①其米卓嘎：《从"礼佛图"中赏析古格时期服饰特点》，《西藏艺术研究》，2012年第1期，第77页。

②田野访谈资料。2016年7月23中午，在阿里普兰县普兰镇科加寺访谈加央土旦（男，藏族，71岁，僧人）

的遗址传说。虽然这些传说有待于进一步考证，但为普兰独特的女性服饰披上了一层神秘的面纱。

目前，很多普兰女性传统服饰已经失传，完整保留下来的普兰女性传统服饰数量屈指可数，大部分已经残缺不齐。城镇之中流行普兰女性传统服饰的简装穿法，这样对配饰的要求也不高，容易组成一套相对完整的普兰女性传统服饰，也不需要太多的财力和物力，普通家庭也有能力购买。因此，家境条件不是很好的女性也可以穿戴人称孔雀服的普兰女性传统服饰。

四、普兰女性传统服饰演变的原因

一般来说，文化变迁往往是由外部刺激和文化内部的发展共同作用引起的。这两个方面经常是同时或先后发生并相互作用的。分析普兰女性传统服饰变迁的原因，主要有以下几个方面。

（一）文化传播

普兰女性传统服饰的变迁不仅有缓慢的接触融合，也有快速变化的迁移型传播。普兰女性传统服饰变迁过程中两个重要时期皆缘于外来文化的传播和影响，即中原地区与吐蕃。11世纪吐蕃统治时期，大批将士驻留在普兰地区，与当地居民杂处，并在相当长一段时间内彼此相互依存、融合发展，从而使普兰女性传统服饰与藏族主体女性"宣切"（ཞེན་ཆས）之间具有某种一致性。

独具特色的普兰女性传统服饰的传承基础是传统的生产生活方式、相对封闭的环境和严格的等级。这些因素决定了普兰女性传统服饰的穿着方式，并成为制约普兰女性传统服饰发展的因素。服饰的变异往往首先出现在统治阶层。当政治环境发生变化时，统治阶级上层首先做出反应，民间则逐渐慕风而化，这在普兰女性传统服饰的变化中也做如此表

现。首先是上层贵族女行的传统服饰开始发生变化，随之影响到更多的普通群众。社会形态结构发生变化，社会经济得到进一步发展，改变了过去单一的社会结构和生产方式，农民获得了一定的自由。在这种情况下与其他民族文化的交流日益频繁，促进了普兰女性传统服饰文化的变迁，受单一政权和文化的影响开始减弱，而审美的功能则凸显出来，着装习惯和心理也随之发生变化。

普兰传统女性服饰材质厚重、结构繁复显然已不能适应现代生活的要求，"不方便做事"、"不舒服"常常成为不穿着传统普兰女性传统服饰的原因。由于现代服装轻便、省事、时尚，款式多样，符合人们审美愿望和求异心理，因而受到青年人的广泛喜爱。20世纪90年代后，旅游产业不断升温，旅游业给普兰带来了经济效益，同时也让人们重新审视本土文化，当地的人们又重新开始穿戴普兰女性传统服饰。普兰女性传统服饰典雅大方、款式独特，必然会成为一道亮丽的文化景观。在游客聚集的景点，几乎都有当地老百姓穿戴传统服装照相的摊点，最典型的就是普兰古老的科迦寺周围的村民。正如金克木先生所述："社会学、社会心理学、社会语言学等所研究的各有一个方面，而人类学则从文化即民俗的方面来观察研究，分析个人不自觉也不自主的，从小就接受下来的风俗习惯、行为规范、道德观念等等。"①另外，普兰女性传统服饰作为宝贵的文化资源也受到社会各界的重视。在这种情况下，普兰女性传统服饰相应发生了一些变化，服装质料更加现代多样、结构变得简约而方便，服饰搭配也更随意。而"宣切"仍只出现在特定的场合，如婚庆仪式、节日活动，表达的是审美价值和文化内涵。因此，与

---

①金克木：《记＜菊与刀＞——兼谈比较文化和比较哲学》，《师道师说》，北京：东方出版社，2013年，第280页。原载《读书》，1981年第6期，第111页。

日常服饰相比，"宣切"变化则较为缓慢。

（二）经济发展水平

普兰女性传统服饰作为一种物质文化，直接受到经济发展水平的制约。普兰县城历来属于边境商贸之地，长期以来，地方势力纷争、兼并时有发生。地处于西藏西部边缘，高山耸立，气候寒冷，自然条件艰苦，加上交通不便，形成相对封闭的自然和社会环境，社会发展缓慢。尽管这里的盐和麝香贸易已有上千年历史，但由于西部高原地区社会整体发展缓慢，生产技术落后，生产水平不高，加上手工业尚未从农牧业中分离出来，自然经济仍旧占领着主导地位，因此产品交换仍不能满足人们生产生活的需要。普兰女性传统服饰之所以呈现出明显的地域性特征，其中一个重要原因就是经济发展水平不充分。随着生产发展和人民生活水平的提高，商业经济进一步繁荣，普兰女性传统服饰在衣料、服装结构以及装饰上出现了一些变化。经济水平的提升促进了普兰女性传统服饰的功能从实用向审美的转变。藏袍从传统的长袖到如今的无袖布料绸缎，发式从一个普通的辫子到编成两个辫子，以及跣足到穿布鞋、皮鞋的变迁，都显不出普兰女性传统服饰中有异于其他藏族的部分逐渐在淡化，这与经济的发展密切相关。

普兰女性传统服饰是一种文化符号。从其整个历史变迁的过程来看，均衡稳定是相对的，而发展变化是绝对的。普兰女性传统服饰在从远古时代走来，早期变化微乎其微。到了近代以后，普兰女性传统服饰变迁的进程明显加快。

从文化地理学的角度来说，普兰由于处于文化边缘地带，自身文化丰富且具有多元文化特点，对文化的接受具有相对的开放性。普兰女性传统服饰的变迁过程本身即是藏族文化融合的过程。当外来文化以其显

著的优越性或通过某种政治手段传播至某种族群文化时，该族群文化产生剧烈的改变。普兰女性传统服饰就是在这样的背景下发生了变革，这是文化变迁中的普遍现象。

总之，拉萨贵族妇女的头饰及其假发套和头发的造型为拉萨头饰较早时期的变体。与西方一样，西藏的时尚也在随时发生变化。[1]显而易见，普兰女性传统服饰的现代化也是不可避免的，传统服饰的创新和变革既是必然的，同时也是为了更好地适应社会变化。

第二节　普兰女性传统服饰文化变迁

无论人们怎样希望不改祖制、图腾[2]永存，但历史的发展不以人的意志为转移[3]。依着区一规律，普兰女性传统服饰文化的发展、变迁、深化及多元格局的形成，使阿里普兰女性服饰日趋华丽多样。广大百姓对自己祖祖辈辈留下来的服饰文化有了新的认识，在西藏普兰广大农村逐渐又盛行起穿戴古老服饰，但是这些服饰只是作为节日和旅游，很少在日常生活之中穿戴。一些研究者在把普兰"宣服（跳宣舞的服饰）"、"帕切（婚礼服饰）"与"罗刹女服饰"、"孔雀服饰"以及"飞天服饰"等概念联系在一起的同时，却又往往习惯于以当代服饰艺术的审美标准和思维模式来解释和理解普兰女性服饰的风格与内涵，而忽略了某

---

①维尔瑞·雷诺兹：《鲜为人知的世界：藏族服饰和织物》，引自熊文彬译，《西藏艺术：1981–1997年ORIENTATIONS文萃》，北京：文物出版社，2012年，第14页。

②根据摩尔根观点"意指表示一个氏族的标志或图徽"。（参见摩尔根：《古代社会》，北京：商务印书馆，1977年，第162页）。另，"图腾"一词，最早大约出现于18世纪末英国学者约翰·朗的著作中，它源于北美印第安语的"totam"。（引自李永宪：《西藏原始艺术》，石家庄：河北教育出版社，2000年，第225页）。

③邓启耀：《民族服饰：一种文化符号——中国西南少数民族服饰文化研究》，昆明：云南人民出版社，2011年，第310页。

一具体时空范围内"普兰服饰文化"的初始意义和本质特征，实际上这是一种"直觉审美再创造"的研究基于这种情况。笔者认为在论述阿里普兰这样一个具体区域的"服饰文化"之前，有必要对其基本定义和笔者对此的研究思路作一点简要的阐述，以便在本书的讨论中对"普兰女性传统服饰"能有一个基本统一的认识前提。

一、"他者"的解释

中国著名民俗学家钟敬文先生认为，人们在关照异文化的过程中，之所以多有不解，原因在于人们对其传统观念的生疏。解读一个民族，应该首先从文化开始，只有文化上认同，才会有情感上的认同，才会有民族的团结和社会的安定，现代化建设才有保障。显而易见，认同普兰女性服饰文化的解读，必须从中华民族文化的源头与支流上去认识，从"多元一体"的历史构建上去认识，从求同存异尊重差异上去认识。普兰妇女传统服饰中，比较精美而独特的"宣服"最为出名，它与阿里西部历史文化密切相关，而阿里地区文化的形成与演进，与历史上的多民族交往交流交融是密不可分的。

当地老人罗桑说："传统上普兰传统妇女主要是在盛大的节庆上身着盛装，同时穿戴在跳起'宣'舞的场合。据说这种歌舞源自古老的象雄文化，所有跳舞者都是新婚嫁来的女子，因此这种普兰传统妇女盛装具有'宣切'或'帕切'之称，而从未听说过'孔雀服'之类的说法。"①关于"宣"一词，据阿里政协编辑资料《象雄遗风（藏文）》一书中记载："阿里上部有跳宣舞的习俗，'旋'是一个象雄语词汇，

---

① 田野访谈资料。2016年7月25中午，在阿里普兰县多油乡堆巴组访谈罗桑（男，藏族70岁，农民）

意思是'舞蹈'"①。如今学界使用的"宣"一词外延内涵都发生了变化，成为从象雄时期流传下来的一种阿里舞蹈种类的名称。众多学者和民间艺人认为"宣"（ཞེའུ）这种歌舞形态存在于象雄时期。尤其是雍仲苯教祖师敦巴辛饶米沃且时期，"宣"作为古老的歌舞，在宗教庆典仪式中扮演着重要的角色。古老的普兰妇女传统服饰的历史背景可以追溯到象雄时期。

由于地理环境、生产方式、历史文化等多因素的影响，使服饰文化呈现出强烈的地域和民族特色。在普兰人民的民间传说里，普兰妇女传统服饰的最初起源和形态都与藏民族原始的苯教有关。

二、地方性解读

当代深入研究世界文明的余秋雨先生在《文化苦旅》中讲述："我反正不以严谨的历史科学为专业，向来对一切以实物证据为唯一依凭的主张不以为然，反而怀疑某种传说和感悟中或许存在着比实物证据更大的真实。传说有不真实的外貌，但既然能与不同时空无数传说者的感悟对应起来，也就有了某种深层真实；实物证据有真实的外貌，但世间万事衍化为各种实物形态的过程实在隐伏着大量的随机和错位。"②基于这一认识，就非常有必要列举有关普兰女性传统服饰的传说。

传说一，古象雄时期，普兰女性传统服饰与现在普兰成年女性所穿的节日"宣切"比较相像。头戴"町玛"帽子和样式一样的帽子，身穿长袖大藏袍，脚蹬藏靴。塔青藏医学校的普布加参老师说："象雄王子辛饶米沃齐纳了一个工布（现在林芝）地方的妃子，那时工布妃子身穿

---

①阿里地区文化广播电视局编：《象雄遗风》（藏文），拉萨：西藏人民出版社，1995年，第9页。

②余秋雨：《文化苦旅》，上海：东方出版中心，2001年，第301页。

整套工布特色的服饰，大家被其所戴帽子样式和形状吸引，于是当地女性仿制这种帽子穿戴至今。从帽子的形状来看，确实与工布女性帽子的形状几分相似。"

传说二，诺桑王子时期，天仙下凡的妃子益卓拉姆美丽异常，招致其他妃子的妒忌。有一次趁王子远征，其他妃子逼迫益卓离开普兰。当王子回来知道所有事情的前因后果之后，一气之下，惩罚这些妃子，让她们像罗刹女一样身披人皮，脖子上挂满人肠子。这种动物内脏装饰说法不只是民间存在，并在奥地利藏学家勒内·德·内贝斯基·沃杰科维茨的著述《西藏的神灵和鬼怪》一书中也有记载："披风大部分是用丝织成的，也有一部分是良马身上剥下的皮、秃鹫的羽毛、甚至龟壳、人头、牲畜'内脏'等为材料制成。"①可见后来慢慢演变成如今的美丽披风和一串串五颜六色的胸饰项链。现在的普兰县境内依然能见证到诺桑王子的王宫遗址和益卓飞回仙境的遗址以及其它相关历史人物的遗址传说。关于此传说，考古学界在《阿里地区文物志》一书中也有阐述："此寺之所以称为'故宫'，是因其与一古老的传说有关。相传此宫为著名的洛桑王子的宫殿，仙女引超拉姆与王子恩爱，遭密谋陷害，巫师谎称北方有敌，诱使洛桑王子出征，引超拉姆在危难时刻便从这里飞升天宫。待王子凯旋，与拉姆相会于天庭，战胜种种困难，惩处了恶人，终获幸福团圆。这一故事后来被编为八大藏戏之一《洛桑王子》流传甚广，故普兰亦传为洛桑王子的故乡，故宫则是王妃的居所，由此名声大振，成为普兰县的重要历史名胜地之一。"②但以严谨著称的考古

---

① （奥地利）勒内·德·内贝斯基·沃杰科维茨著，谢继胜译：《西藏的神灵和鬼怪》，拉萨：西藏人民出版社出版，1996年，第9页。

② 索朗旺堆主编，李永宪、霍巍和更堆编写：《阿里地区文物志》，拉萨：西藏人民出版社，1993年，第131页。

学界只字未提有关普兰女性服饰说法，更没有论述此传说与孔雀服饰的关系，说明当时（20世纪90年代初）普兰民间没有这种说法。

近几年一些学者或媒体以"孔雀服饰"来吸引大众的目光，他们认为孔雀河源头形似孔雀，是美丽和吉祥的象征，为了使孔雀般美意留存于这块土地上，妇女们的装饰便模仿孔雀制作而流传至今。普兰妇女传统服饰的形状是否真的像一只孔雀？普兰民间非物质文化遗产传承人益西卓玛老人回忆："我是普兰多油村人，自幼在夏佩林寺当尼姑，节庆之日在夏陪林寺庙亲眼目睹过穿戴盛装的普兰妇女，她们在普兰宗本面前表演古老的宣舞，至于服饰的来历，未曾听说过有个叫"孔雀服饰"，但相传是'罗刹女服饰'的象征含义。"①从饰品的形状看普兰妇女传统服饰的珠冠和右肩所挎的装饰品形似月牙，这种服饰风格在吐蕃之前崇拜日月的苯教盛行时就已产生。据国内少数民族服饰文化符号与象征研究者认为，少数民族服饰作为一种符号系统，它又是世俗化的宗教礼仪，是连结鬼神与人间的媒介。有了宗教，并不一定就会产生民族服饰；但没有宗教，民族服饰是断然不会这般绚丽多姿、神秘奇伟的。正因为有了宗教，民族服饰才感通着天地人神、江山社稷，影响着族运变迁、人生命相②。另外，离普兰较近的一些地方，服饰上至今仍然留有苯教的象征物雍仲的符号，在扎达县措如苏吉村一带妇女服饰上能很清晰地看到这一符号。这些都可以说明苯教文化对阿里妇女传统服饰的深刻影响。

普兰女性传统服饰与主流藏族服饰有着共同的元素和特征，如冬季服装为宽袍、大襟，系腰带，佩戴珍贵头饰、嘎乌、绿松石饰品等。

---

① 田野访谈资料。2016年7月25中午，在阿里普兰县多油乡德林组访谈益西卓玛（女，藏族80岁，尼姑）

② 杨昌国：《符号与象征——中国少数民族服饰文化》，北京：北京出版社，2000年，第247页。

据说，普兰县城作为藏族的一个边缘族群经历了漫长的历史演变，其服饰也在长期的民族分合、交融以及众多部族文化的交流后逐渐形成了与藏族主流服饰文化既有联系又有区别的服饰文化特征。吐蕃后裔统治时期是普兰女性传统服饰文化发展变迁的一个关键时期，也是普兰女性传统服饰文化形成的初期。人称吐蕃时期这个古老服饰是当时兴起的宫廷舞"宣"一起发展演变过来的，成为了地方文化的标志性服饰文化因素。后来成为祭祀或者寺院盛大节日活动之中必备的服饰文化代表。

这种服饰曾经影响的范围很广泛，只是在漫长的历史长河之中，随着历史、文化、政治等诸多因素的影响，很多地方已经销声匿迹，只有阿里普兰农区能够延续保留下来。

三、古今服饰文化的变迁

普兰独特的女性传统服饰不仅具有豪放、保暖、装饰物多而复杂的牧区女性传统服饰特点，还具有古朴、端庄、华丽的农区女性传统服饰特点。普兰一年四季之中除了夏天，比较干燥，秋冬季节为雪天，在广大草原上放牧时容易造成雪盲，所以为了保护眼睛而产生的可能性也很大，就像藏北牧民穿戴动物皮帽子一样。

古代的风格而言，普兰女性传统服饰从整体上看，既有水獭皮和高羊皮等很保暖的材质，也有薄而轻的春夏秋冬都能穿的普兰当地生产毛料"裹"和领近地区引进的绸缎粗布等。从材质上也充分表现普兰的地域文化特征。普兰女性传统服饰之所以具有昂贵的金银珠宝，也是当地的特产有关。自古西藏盛产黄金，其中阿里又是黄金产量最高的地域之一。由于当地的金子产量高，因此可以与周边的印度和尼泊尔商人交换其它宝石，因此普兰女性传统服饰上有种类繁多的珊瑚、玛瑙、琥珀、珍珠等宝石。从普兰女性传统服饰的形状和文化功能来看，既能反映出

浓郁的苯教文化特征，也能反映出一定的佛教文化内容。比如，月牙形的头饰和肩饰是苯教的崇尚大自然的文化表现，而众多大大小小的饰品佛龛又是佛教文化处于保护自身的一种文化现象。一些披风上堆绣的苯教标志性的"雍仲符号"也能反映出这里曾经是文化交融、交流地带。还可以从整体上来看，普兰女性传统服饰色彩的远近、冷暖、强弱搭配的恰到好处。其中最具特色的还是配饰，虽然配饰数量庞大，颜色众多，但是整体上看上去错落有致，层次分明，色彩搭配得当。最让人着迷的是头饰面罩，红色珊瑚和白色银子坠链如同高山泻下来的瀑布，遮满普兰女性美丽而古铜色的面部，若隐若现的面部给人一种神秘感。红色珊瑚主调的项圈与高原女人特有的红润的脸色相衬。相比之下胸饰主要以黄金和白银所制的饰品佛龛和黄色琥珀为主，虽然中间配有其它颜色的宝石，如绿松石、珊瑚、玛瑙、天眼珠等。上面镶嵌的金银有方、圆、梯形、四边形，八角形等各种几何图形，每块金银上镶嵌形状各异的图案宝石，有各种精美的祥纹，具有很高的艺术欣赏价值。随着穿戴者缓缓的移步，发出清脆悦耳的声音。伴随"宣"的舞步，更能展现普兰女性传统服饰的特色，时展时收的披风，如同飞舞的彩蝶。远看古朴而庄严，近看华丽而耀眼。

现代化的浪潮推向了西藏的每个角落，现代服饰取代了传统服饰。西藏传统服饰仅在中老年人中和偏远地方穿戴。普兰女性传统文化正面临巨大冲击，普兰服饰文化这一积淀深厚的文化遗产也悄然发生着变化。

如今，普兰女性传统服饰处在多元混合的文化现状。现在普兰女性传统节日"宣切"只有节日和婚庆上才能看到，除非游客专门要求展示，平日几乎见不到。能够完整地表演节目"宣切"更是稀少，很多家

庭的女性传统"宣切"已经残缺不齐。一般城镇上节日简装取代"宣切"：一是"宣切"的造价太贵，一般家庭一时无法买得起；二是传统节日"宣切"繁重，穿戴者感到累和繁琐；三是服饰变异的结果。笔者深深感受到文化变迁对服饰变异的影响有多大，一个几千年传承下来的服饰到了我们这一带悄然发生变异。

服饰是人类生存的基本保障之一。在漫长的历史长河中，人们创造了丰富多彩的服饰文化，统一民族的服饰虽有总的特征，但由于地处不同的地理环境，受到民族文化交流等因素的影响，存在着差别和个性。解剖这一现象作为文化符号的服饰，对于了解民族的文化心理和精神特征以及了解民族的生存方式及历史文化有着重要的意义。

第三节 普兰女性传统服饰的传承价值

在非物质文化学论集中有这样的论述："文化遗产有双重价值：一是存在价值，包括历史、艺术、科学价值和研究、观赏和教育的价值；二是经济价值，它是存在价值派生的，包括直接的和间接的经济价值。存在价值是源，经济价值是流。存在价值越大，潜在的经济价值也越大，其转化为直接的经济效益也就越大。"[1]如何阐释好具有一千多年历史的普兰妇女传统服饰文化内涵的价值是件意义重大的事。首先需要从普兰的历史地名探源。因为服饰是一定环境的产物，能动地反映出它所属民族历史上曾居处的地理环境特征。人类适应和改造自然的同时，思维方式的演变逐渐开辟了人类的文明时代。开始以口头和文字的方式来叙述人类能所触及的自然环境区域和物种，并加以命名，以便于区分

---

①陶立璠、樱井龙彦编著：《非物质文化遗产学论集》，北京：学苑出版社，2006年，第94页。

和弄清自己所在的区域。《西藏民俗》一书中阐述："西藏的地名，大多是藏语。对西藏地名的理解是同民族的生活和心理状态相联的，也是和地理特征、自然环境相联的，它们的原意和它们的存在形式是一样的。"[①]可见阿里普兰地名在古代区域历史中产生过具有弘扬和发展服饰文化的功能。如何阐释好关于"普兰"（དཔུ་རང་）一词的地名由来，目前学界仍存在争议，藏文也有多种拼写方式，从而也就出现不同含义的解释。以下结合文献资料，解读普兰地名的含义，这样便于客观地考证普兰妇女传统服饰的历史文化和民俗涵义。

　　早期阿里文献史籍和口头表述中记载的普兰地名。如古格·班智达扎巴坚赞的《太阳王系和月亮王系》一书中记载："拉尊多吉森格的儿子赤扎西索南德统治了'普兰'（དཔུ་རངས་）。"[②]《益西沃传记》也记载："菩提大士—益西沃就出生在阿里三围之一的普兰（དཔུ་རངས་）。"[③]除此之外，阿里藏医专家格隆·丹增旺扎主编的《阿里历史宝典》中记载："'普兰'（དཔུ་རང་），应用象雄文字来解释，'普'是头部的意思，'兰'是马的意思。"[④]有关普兰地名，笔者曾专文[⑤]讨论，根据藏文历史文献，结合实地调研所得相关信息，重新探讨了普兰地名、重要历史事件，以及相关历史人物等问题。以上历史地名考证，比较符合普兰地名的真实含义，则因为它具有本土山水文化的内涵，而且记载于更加可靠性的文史资料，因而对考察、研究普兰妇女传统服饰的传承价值有重要的学术意义。

①杨辉麟，《西藏民俗》，西宁:青海人民出版社,2008年，第45页

②古格·班智达扎巴尖参：《太阳王系和月亮王系》（藏文版），拉萨：西藏人民出版社，2014年，第154页。

③扎巴尖赞：《拉喇嘛沃传记》（藏文版），拉萨：百慈藏文古籍研究所，2014年，第56页。

④革龙·丹增旺扎：《阿里历史宝典》（藏文版），拉萨：西藏人民出版社，1996年，第174页。

⑤伍金加参：《普兰地名略考》，《西藏大学学报》（藏文版），2016年，第150-157页。

一、历史价值

在漫长的历史旅程中，民族服饰就与历史文化结伴而行，发挥自己独特的功能。因此，衡量某个物质文化的存在价值时，其历史价值是不可忽略的。可见很多物质的价值通过该物质存在的历史长短来实现。历史越久，物质文化的存在价值越高，所以说时间长度在一定程度上左右着物质文化的价值。

普兰女性传统服饰是中华民族服饰宝库之中古老而神秘的服饰之一，它以悠久的历史在世界服饰文化宝库之中独树一帜。而且可以肯定地说，普兰女性传统服饰是这些古老的传统服饰中仍然在穿着使用的。无论是从历史价值还是它的使用价值都吸引着来自世界各地的研究者孜孜不倦的探究。据说普兰女性传统服饰是西藏唯一保存下来的吐蕃时期的女性传统服饰。从普兰女性传统服饰的文化特征来看，更多地反映出了普兰最原始的苯教文化特征。由此可见，普兰女性传统服饰的历史并非诸多学者所认为的吐蕃时期，而是可以往更久远的古象雄王国时期倒推。如果能够找到更多的史料证实这一点，那么普兰女性传统服饰的历史价值将是不可估量的，因为它至今依然以活态的形式存在于民间。有海外学者认为，"Y字形头饰表明穿戴者为拉萨居民，从其中镶嵌的珊瑚、珍珠和绿松石的大小和数量，可以看出这位妇女家庭的富裕程度。头饰附着于一个特制的'角形'饰驾上，而饰驾又由妇女的头发和假发共同来支撑。头发与珍珠和珊瑚相互缠绕，在身后形成两条穗辫，并逐渐变细。与此同时，在头饰饰驾上还坠有不少绿松石和珍珠耳环，其造型状如三枚大勋章，为拉萨典型的造型。此外，胸前还佩戴有珊瑚和绿松石项链，其上装饰着一个镶有银、金、绿松石的星形护身符。与此同时，还佩戴有一条由琥珀、螺钿、珊瑚和绿松石制成的胸饰。这些饰品共同组成了拉萨贵族妇女的整体装束。"①此外，国内早期服饰文化的符号与象征认为，"图案是一菱形云纹与一'Y'形图案的结合，互相衔接成二方连续，表示"人与谷魂的结合"②。可惜西藏浩瀚的服饰史料之中很难寻到有关普兰女性传统服饰方面资料。几千年来这样的女性传统服饰能够世世代代流传于西藏西部边陲小城阿里普兰，这是令人难以想象的。

此外，服饰作为人类文明的外在表现，给节日增添喜庆色彩，节日又为服饰提供了展现美丽的舞台，也为服饰的延续和发展提供了不可或缺的生存环境，节日又是服饰生长的肥沃土壤。由于节庆的需求，服饰能够得以完整地保存和继续发展。同样服饰的变化作为一种表征，体现的是政治权力结构影响下的文化动向。阿里普兰历史发展的背景之下，使得阿里地方世俗服饰中出现了其他民族服饰的一些象征元素。究其原因，蒙古和硕特部落与甘丹颇章地方政权治理阿里地区时期，阿里普兰官员服饰中有意穿戴满蒙古式装束③。此类装扮在五世达赖喇嘛传记中以"不伦不类"④来形容当时的服饰穿戴习俗。这一习俗在普兰一直延续至西藏民主改革前夕。在19世纪英国人游记中阐述并绘有素描："他（马站长ㄉ·ㄥ）打扮得很别致，穿了一件中式的绿色绸缎长褂，宽大的袖口高高挽起，甚至露出胳膊肘，戴了一顶中国官员常见的那种官帽，

①维尔瑞·雷诺兹：《鲜为人知的世界：藏族服饰和织物》，引自熊文彬译：《西藏艺术：1981–1997年ORIENTATIONS文萃》，北京：文物出版社，2012年，第13页。

②杨昌国：《符号与象征—中国少数民族服饰文化》，北京：北京出版社，2000年，第276页。

③五世达赖喇嘛：《五世达赖喇嘛自传》（藏文），拉萨：西藏人民出版社，1991年，第244页。

④罗布：《清初甘丹颇章地方政权权威象征体系的建构》，《中国藏学》，2013年第1期，第20页；多吉平措：《华冠丽服与堆金叠玉——布达拉宫藏珍宝服饰及其相关问题初探》，《故宫博物院院刊》，2022年第10期。

脚踩一双笨重的长筒黑靴，脚跟上还安有大鞋钉。"①西藏地方的官员服饰制度历史久远，早在吐蕃王朝时期就已形成了较为完善的官服制度，尤以告身制度为详。

图5-6 1933年噶达克女性服饰 图片引自David Bellatalla

吐蕃王朝崩溃后，西藏地区陷入长期的分裂割据、纷争无序的状态，包括告身等服饰制度在内的各种典章制度遭到破坏。13世纪以后，西藏官服体制及其构成要素受到其他民族服饰文化的较多影响，并在帕竹政权统治时期形成了被誉为"珍宝服饰"（རིན་ཆེན་རྒྱན་ཆ）②的奇特服饰，藏巴汗统治时期也流传不衰。甘丹颇章地方政权建立初期，由于政局的变迁、社会流动的加大、以及蒙古因素的再度流入，拉萨等卫藏地区贵族上层随意穿戴，服饰装束比较混乱，以至"四、五个以上的人聚在一起时，可能会发现其中有汉式、尼泊尔式、藏式、门巴式、康巴式、工布式、藏北牧民式、蒙古式、阿里式等各种各样的奇异服饰"③。与此同时，有关这一时期的女性穿着打扮，笔者在阿里近代档案资料中发现，孜雪等所有官员妇女佩戴巴珠、嘎吾、阿阔、项链、发髻等按照规定穿戴，官方宣布不得佩戴珍竹巴珠，行政僧俗官员及其男女皆可穿戴地

---

①（英）A.亨利·萨维奇·兰道尔著、龙微译：《西藏禁地》，北京：金城出版社，2017年，第272页。

②才让加：《甘丹颇章时期西藏的政治制度文化研究》，中央民族大学，博士学位论文，2007年，第87页。

③五世达赖喇嘛：《五世达赖喇嘛自传》(藏汉文)，拉萨：西藏人民出版社，1991年，第245页。

方特色的服饰，而非打扮成奇装异服，擅自改变传统服饰的色调和风格。①不言而喻，人们为了显示自家的身份、地位、权力、富有人挖空心思地增加服饰内容，试图从服饰上装饰的昂贵金银珠宝来体现所有的这些价值，于是很多人用家产万贯购买各种珠宝，制作各种配饰佩戴在身上。有的甚至世世代代积累的财富来换取珍贵的装饰品，如同阿里近代历史时期的女性传统服饰一样。当人们拥有一套价值连城的服饰，就向大家展示服饰来体现自身价值。然而平时很难炫耀出去，人们专门选择聚集众多人群的节日成为了炫耀的重要场合。久而久之，服饰文化成为了阿里地方举行节庆活动的重要标志，特定节日里也必须穿戴"宣切"（ཞོན་ཆས）从而服饰和节日结下了密不可分的关系。此外，在阿里地方官员在传统婚礼上要穿戴别具一格的婚礼服称之为"帕切"（བག་ཆས）。"初始新郎一家为新娘准备一整套的婚礼服饰。"②同时传统服饰也成了节庆不可缺少的外在表现，而节庆也成了众多贵重服饰赖以生存的展示舞台。阿里地方官员及夫人们承办夏天的传统贸易集市，称其为"噶尔恰钦"（སྒར་འཆར་ཅན）时候穿戴四宗六本的特色服饰也并不例外。这点在图齐先生随行的游记中也提到："噶达克作为阿里噶尔

①西藏阿里档案馆摘抄相关传统服饰的档案资料。ས་མཚན་སྐྱེ་བོ་མོ་ཆས་མས་བོད་རང་གི་ལུག་ཀྱི་སོ་སོའི་སྟར་ཀྱི་ཆས་གོས་ཏེ་ཡོད་རང་རང་བཟས་བསྒྱི་བྱོན་པ་མ་གཏོགས་རང་ལུགས་ལ་གནན་སྦྱོར་ལྟར་སྒོ་དང་མི་མཐུན་པའི་ཆས་གོས་བཟོ་དབྱིབས་དང་ཚོས་མདོག་ཡ་མ་གཟུགས་རང་རྒྱ་གར་བ་འདོད་སྟབ་རས་འཆལ་དུ་འགྲོ་རིགས་མི་ཆོག་ཞེས་མབད་རིས་ཡིག་ཆགས་ཆུས་ཀྱི་ཉར་ཆགས་ཤིག་ཕའི་བགགབ་གཏན་ལས་ཕབ་བྱུས།

②政协阿里委员会编：《阿里婚俗民歌：普兰版》，拉萨：西藏人民出版社，2018年，第3页。以上笔者拙译，原文如下：གནན་མར་ཞིངས་དང་བོར་གནའ་མ་སྟོང་མགན་ཕྱིགས་ཀྱི་ཉིན་གོས་གནད་ཀང་ཆ་ཚོགས་གཡགས་པ། ཞིས་སྒྲོས་སྲས་མ་རིས་ལ་གཡལ་ལུ་ཡོན་སྲུ་མི་རིགས་ཆས་ལུགས་རིག་གནས་གྱི་རྒྱས་ལུ་སྲས་ཀྱི་བསྒྲུ་སྒྲིག བོང་མབད་རིས་པུ་ཧང་ཁུ་ལ་གྱི་སྒིད་པའི་གཏི་སྒྲ། བོད་སྐོངས་མི་དམངས་དཔེ་སྐྲུན་ཁང་། 2018ལོ། ཤ3-4ལ་གསལ།

本的首府，应该是穿戴最高雅藏族妇女所聚集的地方。"①阿里普兰妇女传统服饰在从一定的历史时期逐步形成和发展，反过来它又能够反映出历史和文化特征。普兰女性传统服饰上仍能体现阿里地方近代时期的历史文化和象征意义，通过服饰其作为载体的文化因素，可以体现地方特色的服饰历史和文化发展等传统习俗。

二、民俗文化价值

作为活态民俗的普兰女性传统服饰，不仅在外表上展示了本民族特征，还反映出更多、更深层次的民俗文化价值。从普兰女性传统服饰的外观可以了解该民族的地域文化、宗教信仰、经济水平和周边民族之间的文化交流等诸多内容。

正如根敦群培先生所认为，拉萨城中之妇女，身系一踩裙，头上戴一三角形之发架。倘过五百年后，现在之一切风俗习惯，皆成彼时人所极不可见之事。唯赖搜集他人之传说，方能了知大概耳。②普兰深居内陆，紫外线很强，气候寒冷，是农牧业相结合的地方。这样一个独特的地域文化造就了普兰独特的女性传统服饰。它不仅具有豪放、保暖、装饰物多而复杂的牧区女性传统服饰特点，还具有古朴、端庄、华丽的农区女性传统服饰特点，更值得一提的是该传统服饰具有其它女性传统服饰所没有的神秘气息。如同外国学者对藏族服饰研究显示，"藏区的织物和服饰在传统上与最复杂的社会一样，具有不同的社会和实用功能。除此之外，这批藏品中的许多例子表明，它们还具有仪式上和精神上的含义。"③可见普兰女性传统服饰中的头饰和肩饰很有特色，当

---

①David Bellatalla.*Beyond the Undiscovered Soul. Unpublished Diary of the ItNgarian Scientific Expedition to Western Tibet in 1933.*p186.

②根敦群培著，法尊大师译：《白史》，西北民族学院研究所，1981年，第33页。

③维尔瑞·雷诺兹：《鲜为人知的世界：藏族服饰和织物》，引自熊文彬译：《西藏艺

普兰女性佩戴古老而贵重的头饰时，前檐坠子使得女性的面部若隐若现，给人一种很神秘的感觉。这种饰物并不只是为了美观而产生，更多是出于当地地域文化的因素。从整体上看，普兰女性传统服饰即使用水獭皮和羔羊皮等很保暖的材质，也用薄而轻的春夏秋冬都能穿的普兰当地生产的毛料"氆"和邻近地区引进的绸缎粗布等。从材质上看也充分体现出普兰的地域文化特征。普兰女性传统服饰之所以包含有昂贵的金银珠宝，也是由于其中一些为当地特产。自古西藏盛产黄金，其中阿里又是黄金产量最高的地域之一。因此，从这个普兰女性传统服饰的头饰和肩饰上的大量使用金块，甚至有些用银子的地方都是镀金子。由于当地的金子产量高，还可以与周边的印度和尼泊尔商人交换其它宝石，因此普兰女性传统服饰上有种类繁多的珊瑚、玛瑙、琥珀、珍珠等宝石。少数民族服饰中的宗教意识就是符号化的象征意识，其宗教思想正是象征性的思维范式。而他们的服饰图案中的象征实质，则是宗教观念内容向艺术式积淀演化的结果。[1]可见从普兰女性传统服饰的形状和文化功能来看，既能反映出浓郁的苯教文化特征，也能反映出一定的佛教文化内容。比如，月牙形的头饰和肩饰是苯教的崇尚大自然的文化表现，而众多大大小小的饰品佛龛又是佛教文化中出于保护自身而随身佩戴的一种文化现象。比如，普兰女性佩戴肩饰为右侧肩膀上，这一传统较早记录在19世纪末英国探险家兰道尔亲身经历到普兰的著述中藏族人认为男人的左臂、女人的右臂是属于佛祖的（护法神）。他们将其视为神圣之物，因为用这胳膊，食物得以传送至口中，为身体注入活力，而人们正

术：1981–1997年ORIENTATIONS文萃》，北京：文物出版社，2012年，第9页。

①杨昌国：《符号与象征—中国少数民族服饰文化》，北京：北京出版社，2000年，第275页。

是借助它们来防御敌人。鼻梁骨也被视为是神圣的。[1]如今民间一流保持这种传统。此外，一些披风上堆绣的苯教标志卐符号即"雍仲"也能反映出这里曾经是象雄文化中心地带。诸如穿戴披风的习俗在许多西藏护法神造型中也体现的方方面面。正如内贝斯基·沃杰科维茨阐述："许多护法神还穿长披风，这种披风用丝制成。有时也穿半月形披风。人们经常提到的一种特殊的护法神披风，是用丝制成的'五色锦缎大披风'。"[2]另外，笔者在访谈普兰知名文化工作者萨热瓦·才旺先生时，他讲道："传统上普兰传统妇女主要是在盛大的节庆上身着盛装，同时穿戴在跳起'宣'舞的场合。据当地老人讲述宣舞一般围绕右旋转，宣的种类有19种，所有跳舞者都是新婚嫁来的女子，因此这种普兰传统妇女盛装具有'宣切'或'帕切'之称还传言只有科迦村有八套完整传统宣服，但据我了解不只这些，以前在吉让村的塔雅帕玛（ མཐའ་གཡལ་བར་མ）、朵萨曲巴（མདོ་ས་ཕྱུག་པ）、嘉京伽罗（རྒྱ་ཞིང་རྒྱལ་པོ）、玛吾阿齐（མ་ཉུ་ཨེམ་ཅི）和玛吾迪瓦（མ་ཉུག་སྡེ་བ）等、多油村至少有十几套宣服，但是好多在分家产时宣服上的装饰物一分为二，没能保留一整套的宣服。"[3]可知很多普兰女性的完整宣服尚未妥善保管而流失现象。但这一切既体现出当地独具特色的多元民俗文化，也反映出普兰女性传统服饰特有的民俗文化价值及内涵。

三、审美观赏价值

普兰女性传统服饰是中华服饰宝库之中最神奇的愧宝之一。它不

[1]（英）A.亨利·萨维奇·兰道尔著、龙薇译：《西藏禁地》，北京：金城出版社，2017年，第272页。

[2]（奥地利）勒内·德·内贝斯基·沃杰科维茨著，谢继胜译：《西藏的神灵和鬼怪》，拉萨：西藏人民出版社出版，1996年，第9页。

[3]田野访谈资料。2022年8月26日中午，在阿里普兰县多油乡赤贡村访谈才旺（男，藏族，64岁，传承与保护文化工作退休干部）。

仅具有很强的实用功能，还具有一定的审美和观赏价值。"服饰不仅仅是民族的某种徽记，它还强化着特定人群的集体意识。例如，本身并无善恶贵贱之分的色彩，经不同的民族意识投射之后，便具有鲜明的价值特征了。"[④]因此，作为西藏西部古老的女性传统服饰之一，从整体上来看，色彩的远近、冷暖、强弱搭配的恰到好处。其中最具特色的还是配饰，当一位女性穿戴一套完整普兰女性传统服饰时，从前面看给人一种神秘而挂满配饰的感觉，从后面看华丽而富贵，从侧面看端庄而线条优美。从不同角度可以欣赏到不一样的美。虽然配饰数量庞大，颜色众多，但是整体上看上去错落有致，层次分明，色彩搭配得当，美丽和谐。红色珊瑚和白色银子坠链如同高山泻下来的瀑布，遮盖了普兰女性古铜色的面部，若隐若现的给人一种神秘感。以红色珊瑚为主调的项圈与高原女人红润的脸旁相衬。胸饰主要以黄金和白银所制的饰品佛龛和黄色琥珀为主，虽然中间配有其它颜色的宝石，如绿松石、珊瑚、玛瑙、天眼珠等，但是这些颜色的配饰刚好与深棕色的藏袍相得益彰，深色的底色更能衬托出宝石的精美和艳丽，更能突出胸饰整体美感。把不同颜色的宝石根据自己的审美需求搭配在一起，以达到审美的最高境界。这些配饰静态时层层垂落，环环相扣，不仅具有整体的观赏价值，还具有每块配饰单独欣赏时，上面镶嵌的金银有方、圆、梯形、四边形，八角形等各种几何图形，每块金银上镶嵌形状各异的图案宝石，雕出了各种精美的祥纹，具有很高的艺术欣赏价值。从动态角度，如同早春的细雨，朦胧而神秘，又如深山的清泉，随着穿戴者缓缓的步履，响出清脆悦耳的声音。更使人感到神秘的是头饰面罩，一串串珊瑚和银坠

---

④邓启耀：《民族服饰：一种文化符号——中国西南少数民族服饰文化研究》，昆明：云南人民出版社，2011年，第131页。

遮住了女性大部分面部，唯独清晰露出女性美丽动人的双唇，让人遐想联翩。随着"宣"舞的舞步，更能展现普兰女性传统服饰的精华，时展时收的披风，如同飞舞的彩蝶。正如服饰文化研究者认为，身体语言是一种形象语言，而服饰则是附着于人体的另一类形象语言，是固定于活动着的人体而本身却相对稳定的形象语言，服饰一样，具有将美符号化的功能。[①]普兰女性传统服饰的每一处都镶有不同的形状和颜色的金银珠宝，各自有独特文化寓意，越看越有欣赏价值。其中红色的项圈和红色的藏靴上下呼应，整体效果好。五颜六色的袖子如同天上的彩虹，与艳丽的配饰相配的恰到好处。这一切不仅反映普兰女性传统服饰独到的艺术价值，更能体现当地人很高的审美价值观。

四、经济价值

对于非物质文化不仅具有以上种种存在价值，如果保护适当它还具有一定的经济价值。其中经济价值又可以分为直接经济和间接经济价值，普兰女性传统服饰的直接经济价值可以体现在普兰女性传统服饰的悠久历史和名贵的材质上。笔者在实地访谈中得知，据当地人说一套普兰女性传统服饰值大概需要10-30万元，其中还未包括附加值。间接的经济价值表现为被普兰女性传统服饰的丰富文化内涵所吸引来的众多国内外游客和他们所带来的旅游消费经济。旅游业是西藏主导产业之一，近年来国内外旅客逐年增多。随着阿里地区文化旅游业的发展和壮大，使国内外游客纷纷涌入历史悠久而且风俗独特的普兰县城。这里最吸引游客的还是普兰女性传统服饰，以其丰厚的文化底蕴和独具一格的样式，向世人展示了普兰特色的民俗文化，为普兰当地人带来更多的经济效益。当地老百姓讲述，每年旅游旺季时光顾此地的游客将观看普兰女性传统服饰作为一个不可或缺

①杨昌国：《符号与象征——中国少数民族服饰文化》，北京：北京出版社，2000年，第255页。

的项目。因此，当地百姓除了在节日穿戴传统普兰女性传统服饰之外，也经常穿此普兰女性传统服饰向游客展示或者跟游客拍照等来增加经济收入。这既提供了原生

图5-7 普兰妇女服饰—国家级非物质文化遗产
（米玛次仁摄）

态旅游资源，也成为了一种文化上的交流。显而易见，如果保护和传承好非物质文化遗产的普兰女性传统服饰（图5-7），那么可以为当地带来持续的经济利益，并为保护和发展本民族文化提供了生存环境，提高当地百姓保护普兰女性传统服饰的自觉性，让大家了解到传承这一古老的普兰女性传统服饰有更大的价值。在2008年公布的第二批国家级非物质文化遗产名录中就收录了包括藏族服饰在内的12个少数民族组服饰，其中藏族服饰为西藏自治区措美县、林芝市、普兰县、安多县、申扎县和青海省玉树藏族自治州等联合申报。[1]从此悠久历史的普兰女性传统服饰就早已成为国家级非物质文化遗产保护的重点对象，尤其成为国内外学界和媒介关注的焦点之一。此外，据服饰心理学研究者认为，"作为文物或者古董的普兰女性传统服饰，那就不会因时间的流逝而使人们对它减弱兴趣。相反，到会因普兰女性传统服饰所经历的时间积累，而使他在人们心目中的价值与日俱增。"[2]可见普兰女性传统服饰的历史文化底蕴深厚，本书仅粗略浅谈穿戴民俗和价值，还有更多的问题有待于进一步深入研究。

---

[1]苑利、顾军：《非物质文化遗产学》，北京：高等教育出版社，2009年，第293页。
[2]华梅：《服饰心理学》，北京：中国纺织出版社，2004年，第2版，第37页。

本章小结

首先，自然环境和社会文化环境的变异，往往导致心理的变异。特别是在现代化文化的冲击下，普兰女性传统服饰不可避免地在文化、心理等方面都发生着较大变化。有的传统规范动摇了，女性自身渴望变迁的要求正日愈明显。在不少节日盛装上，普兰女性穿着打扮上也逐渐异地化，反映在从里到外倾向卫藏妇女服饰的比较突出。

其次，观念系统的变迁，特别是其核心的价值观的变更，亦会导致行为等的变迁。这说明变迁确是一个极其复杂的过程，任何一种因素的介入，在一定的条件下都可能成为变迁的动因。

最后，传承价值的趋向在于民族服装的发展方向，这是一种期望自己本民族的传统文化与现代文化甚至世界文化能直接交流、沟通的心态。服饰上的新追求必然导致文化环境的变化，至少要使古老习俗承担种种难以预料的冲击，并由此对人们的文化心理以及各种关系也会带去不同程度的影响。

总而言之，阿里普兰女性传统服饰的演变、变迁、传承价值及多元格局的形成，使普兰女性传统服饰日趋复杂多样。故此，这种普兰女性传统服饰文化亮点使当下的老百姓感受到一种继承先辈的意识，并对确认文化身份以及保护传承千年的服饰文化多样性和创造力具有重要的意义。

结语 普兰女性传统服饰文化的传承与保护

　　"'服饰'可以说是个人或一群'身体'的延伸；透过此延伸部分，个人或人群强调自身的身份认同(Identity)，或我群与他群间的区分。因此服饰可被视为一种文化性身体建构。"①目前人们以及习惯于穿戴简便而价格实惠的服饰，普兰女性服饰的传承和保护面临着新的挑战。在此略谈普兰女性传统服饰的传承和保护问题。

一、普兰女性服饰的现状

　　随着现代化进程的加快和经济全球化浪潮的冲击，许多地方对保护民族传统文化的认知不足，缺乏责任感和使命感，使传统文化的传承和保护面临着严峻的形势，西藏也不例外。现代化的浪潮涌进了西藏的每个角落，藏族的传统服饰文化随着现代化的步伐不断地发生变异。很多现代的服饰取代了传统的服饰，西藏传统服饰只有在中老年人和偏远地方民众穿戴，很多古老的服饰逐渐销声匿迹。虽然这里完好保存了几千年前的传统服饰，但是无法阻挡服饰文化的变迁②和服饰民俗的变异。西藏阿里普兰女性传统服饰有悠久的历史，它在上千年的传承过程中不断发展、演变，在传承历史文化的基础上又在不断地变异和革新。每一个历史时期的服饰都会留存下那个时期独特的印记。人类学家认

---

　　①王明珂：《羌在汉藏之间—川西羌族的历史人类学研究》，北京：中华书局，2016年，第14页。
　　②"任何社会任何时期中的服衡，一种力放促进服饰的淘汰，一种方饰变化程度取决于存在的两种力量之间的平量阻碍服饰的进步"。详见李玉琴：《藏族服饰文化研究》，北京：人民出版社，2010年，第194页。

为："文化变迁是不可避免的,它是人类文明的一种永恒因素。"①今日整个社会蓬勃发展大步向前,现代化浪潮以前所未有之势席卷了世界的每一个角落。在这样一种背景下，普兰女性传统文化正面临巨大的冲击,普兰服饰文化这一积淀深厚的文化遗产也悄然发生着变化。

正如钟敬文先生指出，文化的认同决不等于文化的同化，就像人们都喜欢百花争艳一样，我们同样欢迎文化的多彩多姿。多元一体的文化构成，为中华民族文化繁荣，提供了丰富的文化源泉，这是我们民族的瑰宝，也是一笔珍贵的民族文化遗产。由此可见，现在普兰女性传统服饰"宣切"只有节日和婚庆上才能看到，除非官方或游客专门要求展示，平日几乎见不到。在此值得一提的是拥有完整的"宣切"服饰的人在当地屈指可数，很多家庭的女性拥有的传统"宣切"已经残缺不齐。一般城镇上节日简装取代"宣切"。一是"宣切"的造价太贵，一般家庭难以负担起。二是传统服饰"宣切"穿戴十分繁重，穿戴者非常辛苦。三是服饰的变异。笔者深深感受到文化变迁对服饰变异的影响有多大，一个几千年传承下来的服饰到了我们这一代已经和过去有了很大的区别。另外普兰女性传统的长袖藏装也被无袖藏袍所替代，夏季中老年女性都喜欢穿拉萨盛行的无袖藏装。冬天普兰女性喜欢穿前几年流行的水獭皮镶边的羊皮袄。可见现在由于交通和信息发达程度，这里的服饰受到西藏中心地带的影响很大。年轻人和儿童，大都穿简便的汉装，几乎没有穿藏装的。而且一般拉萨等地流行什么，很快就在这里流行。而这里的外来民族女性都在穿自己民族的服饰，如新疆女性和尼泊尔女性。

---

①Bronislaw Malinowski: The Dynamics of Culture Change, An Inquiry into Race Relations in Africa. Part One p.1. New Haven and London Yale University Press, 1945.

二、传承与保护问题

非物质文化遗产保护是当今世界日益受到关注的文化课题，是我国民俗学在现代的进一步实践性的运用，是人类在历史变迁中遗留下的生存方式、生产技艺、生活智慧和文化人格。它们不仅是贯穿古今人类文化的活化石，也是当今世界解决各种社会危机的启发之泉。在现代社会文化产业迅速发展的今天，非物质文化遗产更是埋藏深厚的文化宝藏和也是各种文化产业源源不竭的力量之源。非物质文化遗产的保护与传承日益得到全世界的广泛关注。传承，本是一个普通的词汇，但是近几年借着非物质文化遗产保护的契机，无论在学术文章、国际会议还是在媒体中，出现频率越来越高。关于传承的定义，学术界也是仁者见仁、智者见智，纷纷提出了各自的观点。非物质文化遗产作为民族个性、民族审美习惯的"活化石"，它依托于人本身而存在，以声音、形象和技艺为表现手段，并以身口相传作为文化链而得以延续，是"活"文化传统中最脆弱的部分。因此，对于非物质文化遗产的传承来说，保护老艺人，以多种形式宣传就显得尤为重要，尤其这类属于优秀的文化遗产，对此必须发扬光大。

近两年国家非物质文化保护的春风吹进西藏广袤大地上，广大群众对自己祖祖辈辈留下来的服饰文化有了新的认识，在普兰农村逐渐又盛行穿戴古老服饰，不过这些服饰只是在节日和旅游区别特别展示，很少在日常生活之中穿戴。作为吐蕃服饰的"活化石"，普兰女性的传统服饰已经成为了国家级非物质文化保护的对象，我们有必要提出一些传承和保护的建议。

首先，让当地人充分认识到祖祖辈辈留下来的服饰文化价值所在，从中找到民族自豪感，唤起人们自觉保护服饰文化的意识。在民间自觉

形成保护民族传统服饰的无形力量。这种保护力量，与政策性导向结合起来，则更能体现出其效能，并切实落到实处。不仅保护藏族传统服饰文化，同时也可以唤起其他民族对自己民族文化的重现。其次，通过大量的实地考察和研究，充分挖掘这个古老而神秘服饰的文化内涵。提高服饰的知名度和存在价值。同时大量提倡保护和传承具有个性化的民族服饰，通过服饰来展示出当地独特的服饰文化，吸引更多的游客来旅游创造经济价值。

第三，开发传统服饰的潜力，为当地的设计衍生的文创产品。比如，制作这种服饰的小模具，或者其他兼具文化内涵和设计美感的小工艺品。并且扩大这服饰的展示范围，在游客最多的神山脚下专设展示台。当然，服饰本来就是一种文化的符号，我们应该把这个古老的服饰与古老歌舞"宣"相结合进行活态展示，以便于吸引更多的游客，同时向外界宣传普兰女性传统服饰的悠久历史和价值所在，也让当地老百姓从中感到该服饰的保护和传承的重要性和必要性。

总之，服饰是人类生存的基本保障之一。在漫长的历史长河中，人们创造了丰富多彩的服饰文化，同一民族的服饰虽有一些相似性，但由于地处不同的地理环境，受到文化交流等因素的影响，产生了一些差异化的东西。解析这一作为文化符号的服饰，对于了解民族的文化心理和精神特征以及了解民族的生存方式及历史文化有着重要的意义。由于笔者的知识和财力、精力等有限，好多问题在此未能解决，有待于进一步考察和研究。为了保护和传承本民族宝贵的服饰文化，希望学界专家能够提出更多宝贵的意见和可行性措施方案。一个民族的服饰体现了该民族的审美风格和民俗文化，是民族文化的重要组成部分，也是该民族艺术研究的一个重要组成部分。阿里普兰妇女传统服饰文化是普兰人民文

化和智慧的结晶，是民族观念的物化，是形象化的愿望和意识，是审美感知和审美形式的集中体现，也是实用与审美、艺术与技术、物质与精神相结合的产物，是意识物化在美的形式中的升华。普兰妇女传统服饰文化之所以独具特色，在于其反映了一种特殊的民族气质、审美习俗以及该地区的文化特征。它所折射出的时代背景、社会心态、民族心理和审美情趣，远远超过了其服饰本身的价值和意义。研究探讨普兰妇女传统服饰，对了解西藏西部普兰的历史发展、社会经济生活及其文化习俗有着重要的意义。

归根结底，用"传承"和"保护"的标准衡量继承服饰文化正是这种原生态的历史文化底蕴保护与传承的核心理念。因此，阿里普兰女性传统服饰不只是世俗化的"活化石"、"文化记忆"和"历史产物"，更是中华民族共同体文化多样性和创造性的表现之一。

参考文献

一、著作类

（一）藏文类著作：

དཔྱད་གཞིའི་ཡིག་ཆ།

1 རྗེ་དགོན་གསུང་བདག་རྗེ་རྗེ་དང་དགའ་བ་པ་སངས་ཀྱིས་བརྩམས།《བོད་ཀྱི་ཡུལ་སྲོལ་རྣམ་ཤེས།》བོད་ལྗོངས་མི་དམངས་དཔེ་སྐྲུན་ཁང་གིས་༢༠༠༩ལོའི་ཟླ་༡༢པར་དུ་བསྐྲུན།

2 རྒྱང་འབོར་ཚེ་ཕུན་གྱིས་བརྩམས། 《བོད་ཀྱི་དམངས་ཁྲོད་རིག་གནས་སྐོར་གྱི་དཔྱད་གླེང་།》བོད་ལྗོངས་བོད་ཡིག་དཔེའི་སྙིང་དཔེ་སྐྲུན་ཁང་ནས་པར་བསྐྲུན།

3 གཅན་ཚ་བཀྲ་ཤིས་བརྩམས། 《དམངས་སྲོལ་རིག་པའི་སྐྱི་དོག》ཀན་སུའི་མི་རིགས་དཔེ་སྐྲུན་ཁང་ནས་པར་བསྐྲུན།

4 མ་བར་རྐེའུ་བསམ་གཏན་གྱིས་བརྩམས། ཤིང་བདེ་ཁང་བསོད་ནམས་ཚོས་རྒྱལ་གྱིས་བསྒྱུར། 《མདའ་དང་འཕང་།》བོད་ཆ་དང་སྐུད་ཆ། ཀྱུང་གོ་བོད་རིག་པ་དཔེའི་སྐྲུན་ཁང་ནས་༢༠༠༤ལོར་པར་བསྐྲུན།

5 ས་གོང་དབང་འདུས་ཀྱིས་བརྩམས། 《བོད་མི་ཡུལ་སྲོལ་གོམས་གཞིས་༡༠༠》མི་རིགས་དཔེའི་སྐྲུན་ཁང་ནས་པར་བསྐྲུན།

6 གཡང་ཅན་རིག་མཛོད་དེན་ར《བོད་ཀྱི་ཐ་སྙད་རིག་གནས་བསྐུན་བཙོན་ཕྱོགས་བྱིག》༡༡༩ལོར་བོད་ལྗོངས་བོད་ཡིག་དཔེའི་རྙིང་དཔེའི་སྐྲུན་ཁང་ནས་བསྐྲུན།

7 གུ་གེ་མ་ཁན་ཚེ་དག་དབང་གྲགས་པ། 《མངའ་རིས་རྒྱལ་རབས།》སེར་གཙུག

ནང་བསྟན་དཔེ་རྙིང་འཚོལ་བསྡུ་ཁྲུགས་སྒྲིག་ཁང་།

8 གུ་གེ་པ་ཚ་ཚེན་གྱགས་པ་རྒྱལ་མཚན། 《ནེ་ཨའི་རིགས་ཀྱི་རྒྱལ་རབས》དཔེ་རིང་
བྲིས་མ།

9 གུ་གེ་པ་ཚ་ཚེན་གྱགས་པ་རྒྱལ་མཚན། 《སྐྱ་སྦྲ་མ་ཡེ་ཤེས་འོད་ཀྱི་རྣམ་ཐར》དཔེ་
རིང་བྲིས་མ།

10 《མངའ་རིས་ཀྱི་གནའ་སྒྲུ་གྲོ་འོད་གཡུ་ཡི་ཕྲེང་བ་ཞེས་བྱ་བ་བཞུགས་སོ》ཚོམ་
སྐྱིག་པ། མངའ་རིས་ས་ཁུལ་སྲིད་གྲོས་ནས་དཔེ་སྐྲུན་བྱས། ནང་ཁུལ་དུ་འགྲེམ་སྤེལ།

11 མངའ་རིས་ས་གནས་རིག་གནས་རྒྱུང་བསྒྲགས་བརྟན་འཕེལ་ཚུས་ནས་བསྒྲིགས།
《ཞང་ཞུང་སྲིད་པའི་གྲི་འགྱུར》བོད་དམག་ཁུལ་ཁང་པར་འདེབས་བཟོ་གྲྭས་དཔར་
བཏབ། 1994ལོ། 1994

12 གུ་གེ་ཚེ་རིང་རྒྱལ་པོས་ཚོམ་སྐྱིག་《མངའ་རིས་སྟུ་རབས་ཀྱི་འཇིག་རྟེན་ཆ་
འཇོགས་རྟེན་འཕྲེལ་སྒྲུ་སྒྲ་བཞུགས་སོ》མི་རིགས་དཔེ་སྐྲུན་ཁང་། 2013ལོ།

13 ས་རོ་བ་ཚེ་དབང་གིས་གཙོ་སྐྱིག   《སྒྲུ་ཕྲིང་སྟོང་ཡུལ་གྲོང་ཚོའི་སྲིད་པའི་སྐྲུན་
དབྱངས་གྲི་འགྱུར་ཡིན་ཀྱི་དགའ་སྟོན་བཞུགས་སོ》བོད་ལྗོངས་བོད་ཡིག་དཔེ་རྙིང་དཔེ་
སྐྲུན་ཁང་། 2014ལོ།

14 སྲིད་གྲོས་མངའ་རིས་ས་ཁུལ་ཨུ་ཡོན་ལྷན་ཁང་མི་རིགས་ཆོས་ལུགས་རིག་
གནས་ལོ་རྒྱུས་ཨུ་ལྷན་གྱིས་བསྡུ་སྒྲིག《སྟོད་མངའ་རིས་པུ་ཧྲངས་ཁུལ་གྱི་སྲིད་པའི་གཏེ་
སྒྲུ》བོད་ལྗོངས་མི་དམངས་དཔེ་སྐྲུན་ཁང་། 2013ལོ།

15 སྲིད་གྲོས་མངའ་རིས་ས་ཁུལ་ཨུ་ཡོན་ལྷན་ཁང་མི་རིགས་ཆོས་ལུགས་རིག་
གནས་ལོ་རྒྱུས་ཨུ་ལྷན་གྱིས་བསྡུ་སྒྲིག 《སྟོད་མངའ་རིས་དུ་ཐོག་ཁུལ་གྱི་སྲིད་པའི་གཏེ་སྒྲུ་
སྒྲུ་བ་སྒྲིང་བཞིའི་གཞུང་སོགས་མཚོ་མོ་དང་སྒྲེའི་རྣབས་སྒྲུ་ཞེས་བྱ་བ་བཞུགས་སོ》 བོད་
ལྗོངས་མི་དམངས་དཔེ་སྐྲུན་ཁང་། 2013ལོ།

16 སྲིད་སྒྲོས་མཁན་རིས་ས་ཁྲལ་ཀྱུ་ཡོན་ལྷུན་ཁང་མི་རིགས་ཆོས་ལུགས་རིག་གནས་ལོ་རྒྱུས་ཀྱི་ལྷུན་གྱིས་བསྟུ་སྒྲིག《སྤོད་མཁན་རིས་ཀྱུ་གི་ཁྲལ་ཀྱི་སྲིད་པའི་གཉེ་སྒྱུ》བོད་ལྗོངས་མི་དམངས་དཔེ་སྐྲུན་ཁང་། ༢༠༢༡ལོ།

17 འཇམ་དཔལ་གཙོ་སྒྲིག《འགྱོར་ཆགས་ཡུལ་གྱི་སྐོལ་རྒྱན་སྒྲ་གར་ཀྱུན་བཏུས》བོད་ལྗོངས་མི་དམངས་དཔེ་སྐྲུན་ཁང་། ༢༠༢༡ལོ།

（二）汉文类著作：

[1]沈从文编著：《中国古代服饰研究》，北京：商务印书馆，2015年。

[2]杨清凡：《藏族服饰史》，西宁：青海人民出版社，2003年。

[3]李玉琴：《藏族服饰文化研究》，北京：人民出版社，2010年。

[4]邓启耀：《民族服饰：一种文化符号——中国西南少数民族服饰文化研究》，昆明：云南人民出版社，2011年。

[5]杨昌国：《中国少数民族服饰文化：符号与象征》，北京：北京出版社，2000年。

[6]华美：《服饰心理学》，北京：中国纺织出版社，2008年。

[7]刘瑞璞、陈果著：《中国藏族服饰结构谱系》，北京：科学出版社，2021年。

[8] 钟敬文主编：《民俗学概论》，上海：文艺出版社，2008年。

[9] 陶立蕃：《民俗学》，北京：学苑出版社，2003年。

[10] 仲富兰：《中国民俗文化学导论》，上海：上海辞书出版社，2007年。

[11]赤烈曲扎：《西藏风土志》，拉萨：西藏人民出版社，2006年。

[12]陈波：《山水之间：尼泊尔洛域民族志》，成都：巴蜀书社，2011年。

[13] 乌丙安：《中国民俗学》，沈阳：辽宁大学出版社，1985年。

[14]林继富、王丹：《解释民俗学》，武汉：华中师范大学出版社，2006年。

[15]中国民俗学会主编：《中国民俗学研究》，北京：中央民族大学出版社，1996年。

[16]徐赣丽：《民族旅游与民族文化变迁》，北京：民族出版社，2006年。

[17]仲富兰：《民俗传播学》，上海：上海文化出版社，2007年。

[18]王娟：《民俗学概论》，北京：北京大学出版社，2009年。

[19]董小萍：《全球化与民俗保护》，北京：高等教育出版社，2007年。

[20]李永宪：《西藏原始艺术》，石家庄：河北教育出版社，2000年。

[21]（英）弗雷泽著，徐育新、汪培基、张泽石译：《金枝》，北京：新世界出版社，2006年。

[22]察仓·尕藏才旦：《西藏本教》，拉萨：西藏人民出版社，2006年。

[23]谢继胜、沈卫荣等：《汉藏佛教艺术研究》，北京：中国藏学出版社，2006年。

[24]维尔瑞·雷诺兹：《鲜为人知的世界：藏族服饰和织物》，收录于熊文彬译：《西藏艺术：1981–1997年ORIENTATIONS文萃》，北京：文物出版社，2012年。

[25]白玛主编：《西藏地理》，拉萨：西藏人民出版社，2004年第3版。

[26]杨辉麟：《西藏绘画艺术》，拉萨：西藏人民出版社，2008年。

[27]多杰才旦：《中国藏族服饰评介》，北京：中国藏学出版社，2002年。

[28]廖东凡：《藏地风俗》，北京：中国藏学出版社，2008年。

[29]张晨紫：《民俗学讲演集》，北京：书目文献出版社，1986年。

[30]贾远朝：《山水之源西藏普兰风情写真》，北京：民族出版社，2000年。

[31]张德良编著：《普兰土壤》，新疆：新疆科技卫生出版社，1991年。

[32]恰白·次旦平措等：《西藏简明通史——松石宝串》，中国藏学出版社，1996年。

[33]瞿霭堂等：《阿里藏语》，北京：中国社会科学出版社，1983年。

[34]杨阳、马路编：《非洲民族服饰》，长沙：湖南民族出版社，1998年。

[35]王明珂：《羌在汉藏之间——川西羌族的历史人类学研究》，北京：中华书局，2016年。

二、论文类：

[1]（法）海瑟·卡尔梅：《7-11世纪吐蕃人的服饰》，《敦煌研究》，1994年第4期。

[2]李玉琴：《藏族服饰吉祥文化特征刍论》，《四川师范大学学报》，2008年第2期。

[3]魏新春：《藏族服饰文化的宗教意蕴》，《西南民族学院学报》，2001年第1期。

[4]李宇红、杨媛：《多维视野下藏族服饰的文化特质》，《甘肃科技纵横》，2007年第6期。

[5]陈亚艳：《浅谈青海藏族服饰蕴藏的民族文化心理》，《青海民族研究》，2001年第2期。

[6]董志强：《青海藏族服饰成因的初步探讨》，《青海师专学报》，2003年第4期。

[7]桑杰次仁：《藏族服饰的地域特征及审美情趣》，《青海师专学报》，2003年第4期。

[8]杨琳：《藏族服饰文化内涵及对现代服装设计的启示》，《科技创新导报》，2008年第7期。

[9]其米卓嘎：《西藏服饰艺术》，《西藏艺术研究》，2004年第1期。

[10]杨清凡：《从服饰图列试析吐蕃与苏特关系》，《西藏研究》，2001年第3期。

[11]陆文熙：《木里藏族服饰文化旅游资源浅谈》，《青海学报》，2001年第2期。

[12]马宁：《舟曲藏族服饰初探——浅译舟曲藏族服饰的分类及其文化内涵》，《西藏民族学院学报》，2004年第3期。

[13]陈慧：《中国近代女性服饰的变迁看女性意识的变化》，《十堰职业技术学院学报》，2005年第6期。

[14]黄利筠：《服饰的变化与文化、价值的变迁》，《艺术设计论坛》，2004年第5期。

[15] 王璐：《服饰的文化》，《史学新苗》，2005年第3期。

[16]杜佳：《服饰民俗生成的背景结构》，《社科纵横》，2002年第2期。

[17] 王明珂:《羌族妇女服饰：一个"民族化"过程的例子》,《历史语言研究所集刊》第69集，1998年。

三、内部资料：

[1] 普兰县地方志编委员会编：《普兰县志》，2010年。

[2]古格·堪钦阿旺扎巴：《阿里史》，手抄本（该手抄本是从阿里普兰县收集的具有很高的收藏价值，因为它里面主要涉及的内容有阿里普兰、古格一代历史及其相关的民俗事项）。

[3]阿里地区档案馆馆藏的一份服饰文书档案。

四、英文类资料：

[1] Hannelore Gabriel. 1999.*The Jewelry of Nepal*,Weatherhill,Inc. of New York and Tokyo.

[2] Gompertz Alias Gampat.1928.*Magic Ladak.*

[3] Gotto Dainelli.1934.*Buddhist and Glaciers of Western Tibet.*

[4] Luciano Petech.1977.*the kingdom of Ladakh*,Roma,Is.M.E.O.

[5] Roberto Vitali.1996.the kingdom of Gu.ge Pu.rang, Serindia Publication.

[6] Tucci, *Tibetan Painted Scrolls*,roman government library.

[7] Luciano Petech.1972. *China and Tibet in the early 18th century*, Leiden, Netherlands.

[8] Tucci, *lochen rinchen bzangpo*,Roman government library.

[9]Francke.1907.*A History of Western Tibet*, Pilgrims Book PVT.LTD.

[10] A.K.Singh.1985. *Trans-Himalayan wall painting*, Agam Kala Prakashan.

[11] bSod names rgya mtsho.1991. *the Ngor Mandalas of Tibet, the centre for east Asian Cultural Studies.*

[12] Rene De Nebesky.1993. *Oracles and Demon of Tibet—the Cult and Iconography of Tibetan Protective Deities.*

附录 普兰女性服饰术语藏汉英对照

藏文	汉文（音译）	汉文（意译）	英文（拉丁转写）	史料记载	民歌记载	口头传说
ཤོན།	"宣"	宣舞	Shon	✓	✓	✓
ཤོན་ཆས།	"宣切"	宣舞服饰	Shon Chas	✓	✓	✓
བག་ཆས།	"帕切"	婚礼服饰	Pag Chas	✓	✓	✓
རྨ་བྱའི་ཆས།	"麻恰切"	孔雀服饰	Rmabyai Chas	无记载	无记载	无记载
མཁའ་འགྲོའི་ཆས།	"康卓切"	飞天服饰	Mkhv Vgrovi Chas	无记载	无记载	无记载
མགོ་དབང་། མགོ་འཕང་།	"果旺"或"果庞"	头衔	Mgodbang orMgovphang	✓	✓	✓
སྒ་ལེབ།	"嘎列"	鞍垫	Sgaleb	✓	✓	✓
སྐྱེའུ།	"吉乌"	小脖子	Skyevu	✓	✓	✓
ཐིག་མ།	"廷玛"	十字氆氇	Thigma	✓	✓	✓
སེར་འཁྱིལ།	"瑟吉"	金色圆形	Servkhyil	✓	✓	✓
ཀོ་སྣའམ་པ་དག	"果纳或巴德"	皮质耳饰	Kosna or Badpa	✓	✓	✓
འོལ་ཐག	"沃塔"	脖套绳	Aol thag	✓	✓	✓
ཁལ་ཐོག	"卡朵"	肾形	Kalthog	✓	✓	✓
པ་ཛ།	"巴扎"	吉祥结	Bath	✓	✓	✓

གྲུ་བཞི།	"珠喜"	方形	Garubzhi	✓	✓	✓
སྐྱེས་རེ།	"吉日"	腰带	Skyes re	✓	✓	✓
སྤོ་ཤེལ།	"伯谐"	琥珀	Sbo shel	✓	✓	✓
བྱུ་རུ།	"曲吾如"	珊瑚	Byuru	✓	✓	✓
མུ་ཏིག	"穆迪"	珍珠	Mutig	✓	✓	✓
གོས།	"裹"	藏式长袍	Gos	✓	✓	✓
གོས་ཆེན་རྒྱབ་པགས།	"裹乾吉巴"	丝绸披风	Goschen Rgyapbgas	✓	✓	✓
མི་པགས་གཡང་འཁྱིལ།	"米巴央吉"	人皮披风	Mibagas Gyangvkhyil	✓	✓	✓
ཀོ་བརྩེགས།	"果杂"	皮质叠状	Kobrthsigs	✓	✓	✓
གྲེ་མ།	"喆玛"	靴子	Grema	✓	✓	✓
ཤངས་ཛོམ།	"祥苏"		Shangszom	✓	✓	✓
ཀོ་ཏོ་བ།	"果多瓦"	皮质靴子	Kotopa	✓	✓	✓
རྒྱ་སློག	"嘉洛"	十字纹	Rgya slog	✓	✓	✓
འབུ་རས་ལིང་ཐང་།	"布惹岭铛"	藏式内衬	Vburas Lingthang	✓	✓	✓

后 记

  首先感谢父老乡亲，近十年来，他们陪着我在孔雀河上游与西藏西部走遍了阿里普兰的各个村落。靠着他们的热诚帮忙以及他们的社会人脉关系，我才得以完成这些探访研究。本书中有些章节内容与议题，其原始构想曾在各种学术会议或期刊上发表，在此过程中得到许多批评指教。在此我要感谢：西藏大学研究生处处长白伦·占堆教授、西藏大学理学院古格·其美多吉教授、西藏大学旅游与外语学院强巴央金院长、西藏大学文学院旺宗院长、西藏山南邦典研究学者索朗措姆师姐、西藏大学艺术学院德拉才旦驻村队友、浙江师范大学李勤璞教授、四川大学中国藏学研究所李永宪教授、北京服装学院刘瑞璞教授和常乐博士、西藏人文地理挚友孙芮茸，以及相关的学界朋友，特此感谢阿贵博士赐予的序言。

  其次，感谢这十年来，为本书付出辛勤汗水的群众和一线工作人员以及相关文化部门和国家社科基金委员会的大力支持，以及采访过程之中所有人的帮助和关怀，在此表示衷心的感谢！除此，本书的精美插图，主要出自关注普兰女性传统服饰的阿里地区社会各界人士，特此感谢共享图片资料。

  最后，我要感谢我的母亲与爱妻。为了从事研究主题的田野调查，我在十年寒暑假都未能陪她们，我要感谢母亲对此的宽容。我的妻子清沼，近年来也因此常在寒暑期独自照料我们两个顽皮的儿女，我感谢她

的辛劳；同时，我也感谢她给我的精神支持，她相信我在从事一些重要而有意义的研究工作——这是我在研究上的重要支柱。

在本书撰稿期间，笔者一直试图将研究"西藏阿里普兰女性传统服饰文化的保护与传承研究"的所得、所感通过此书表达出来。但不论是因为时间还是能力的局限，未能更加详尽地阐述笔者对于此书的创作构思，并在书本截稿前展示属于自己的家乡民俗作品，使该书本最终还是留有些不足之处。望方家不吝赐教。愿吉祥！

伍金加参

2023年于西藏大学

སྐྱེད་མཛིན་རིས་པུ་རངས་ཁུལ་གྱི་སྒྱུལ་རྒྱུན་སྐྱེས་མའི་ཀྱུན་ཆས་རིག་གནས་ཞིབ་འཇུག

ཚིམ་པ་པོ།	ཨོ་རྒྱུན་རྒྱལ་མཚན།
ཚིམ་སྒྲིག་འགན་འཁུར་བ།	ཟླ་བ་སྒྲོལ་མ།
མཐའ་ཞུས།	ཞིའུ་དུང་ཚོན།
དཔེ་སྐྲུན་འགྲེམས་སྤེལ།	བོད་སྟོངས་བོད་ཡིག་དཔེ་རྙིང་དཔེ་སྐྲུན་ཁང་།
པར་འདེབས།	ཁྲིན་ཏུའུ་གྲོང་ཁྲེར་ཚན་ཡ་ཏི་ཚོན་དཔར་འགན་འཕྲི་ཚད་ཡོད་ཀུང་སི།
དེབ་ཚད།	710mm×1 000mm 1/16
པར་ཕོག	13
པར་གྲངས།	01–3,000
ཡིག་གྲངས།	ཁྲི་14.1
པར་གཞི།	2023ལོའི་ཟླ་4པར་པར་གཞི་དང་པོ་བསྒྲིགས།
པར་ཐེངས།	2023ལོའི་ཟླ་4པར་པར་ཐེངས་དང་པོ་བཏབ།
དཔེ་རྟགས།	ISBN 978-7-5700-0776-9
རིན་གོང་།	སྒོར་33.00

པར་དབང་འདི་གར་ཡོད་པས་པར་བཤུས་བརྒྱབ་ན་ཁྲིམས་ཆད་ཡོག